ALL BELGIAN WHISKIES

ALLE BELGISCHE WHISKY'S

TOUS LES WHISKYS BELGES

Graanstokerij Braeckman

ALL BELGIAN WHISKIES

ALLE BELGISCHE WHISKY'S

TOUS LES WHISKYS BELGES

Patrick Ludwich
Karel Puype

stichting kunstboek

Graanstokerij Braeckman

Foreword

Every year plenty of reference books and compendia on whisky are published that have to jostle for shelf space with those that are already there. Focus of these books is often on the traditional whisky producing countries such as Scotland, Ireland, Japan and the United States. However, the days when the big-name distillers were the only ones producing whisky worth tasting and collecting are long gone.

New or relatively young whisky producing countries are increasingly making themselves heard and seen. Their spirits can count on international acclaim, as is evidenced by numerous prestigious awards.

Belgium is one of these rising stars, even though whisky production in this country mostly known for its excellent beers is still relatively young. The first whisky of Belgian origin was marketed barely 15 years ago. However, Belgian whisky seems to be on a steep rise. It is quite amazing what has been achieved in such a short time. Not only are the first wave distillers coming of age and expanding their range at a rapid pace, every year a number of new craft distillers appear on the scene. Sometimes, these newbies are successful brewers who are fulfilling a long-cherished whisky dream, and other times they are established distillers who - noblesse oblige - also want to have a whisky in their assortment. In addition to the producers, the first Belgian independent bottlers are also appearing, bringing single cask editions to the market that have been matured by established distillers. After all, the interest among a public of connoisseurs and therefore the potential commercial market is considerable.

From the very beginning, Belgian whisky makers have resolutely opted for quality and originality, and that has paid off. Loyal fans and buyers support them and their premium products have become coveted collector's items on the home market and abroad. Most producers can barely (or not) meet the demand. With growing demand and export booming, many whisky producers are therefore looking to expand their capacity in the near future.

This book maps the Belgian whisky landscape as it is today. It is a scene that turned out far more extensive than originally thought. Inevitably, it is a snapshot in time: what is available today, may not be there tomorrow. In time, new names will emerge, which is why we conclude this book with a glimpse into the future. We have tried to include as many whiskies as possible, available and sold out, to make this overview as complete as possible. In this way, this guide will also become a reference for enthusiasts and collectors.

But above all, we hope that this trilingual book will contribute to the further development of the international reputation of Belgian whisky and that it will stimulate you, dear reader, to have a taste. Belgian whisky is definitely worth discovering and most of the Belgian whisky makers will be happy to welcome you to their distilleries and tasting rooms.

Patrick Ludwich
Karel Puype

Graanstokerij Filliers

Woord vooraf

Met naslagwerken en compendia over whisky's kan men allicht al makkelijk een kleine bibliotheek vullen. Vaak gaat alle aandacht in die boeken uit naar traditionele whiskylanden zoals Schotland, Ierland en de Verenigde Staten, maar de tijd dat die producenten alle anderen het nakijken gaven, ligt al even achter ons.

'Nieuwe' of relatief jonge whiskylanden laten steeds meer van zich horen en hun spirits kunnen op internationale bijval rekenen, zo blijkt uit tal van prestigieuze bekroningen.

Het fenomeen van de Belgische whisky is nog relatief jong – de eerste whisky van Belgische makelij kwam nauwelijks 15 jaar geleden op de markt – maar lijkt aan een onstuitbare opmars bezig. En het is ronduit verbazingwekkend wat men op korte tijd al verwezenlijkt heeft. Niet alleen breiden de pioniers hun aanbod aan hoog tempo uit, elk jaar steken er bovendien wel een aantal nieuwe initiatieven de kop op. Soms gaat het om succesvolle brouwers die een lang gekoesterde droom in vervulling laten gaan, een andere keer om bekende stokerijen die – noblesse oblige – ook een whisky in assortiment willen hebben. Daarnaast duiken ook de eerste Belgische independent bottlers op die single cask editions op de markt brengen die bij gevestigde distillers hebben gerijpt. De belangstelling bij een publiek van fijnproevers en dus ook de potentiële commerciële markt zijn immers groot.

Belgische whiskymakers trokken van bij het begin resoluut de kaart van kwaliteit en originaliteit en dat heeft hen geen windeieren gelegd. Ze worden op handen gedragen door een trouw koperspubliek en hun topproducten zijn gegeerde collector's items geworden in binnen- en buitenland. De meeste producenten kunnen nauwelijks of helemaal niet aan de vraag voldoen en een aantal onder hen voorzien een substantiële uitbreiding van de productie in de nabije toekomst.

Dit boek brengt het Belgische whiskylandschap op vandaag in kaart. En dat bleek al snel een stuk uitgebreider dan oorspronkelijk gedacht. Onvermijdelijk gaat het om een momentopname: wat vandaag beschikbaar is, is dat morgen misschien niet meer. Nieuwe namen van producenten zullen mettertijd opduiken, vandaar dat we dit boek afsluiten met 'een blik in de toekomst'. We hebben gepoogd om zoveel mogelijk beschikbare en in het verleden gebottelde whisky's op te nemen om dit overzicht zo volledig mogelijk te maken. Op die manier wordt het meteen ook een referentie voor geïnteresseerden, liefhebbers en collectioneurs.

Maar bovenal hopen we dat dit drietalige boek bijdraagt tot de verdere uitbouw van de internationale reputatie van de Belgische whisky en dat het u, beste lezer, aanzet tot proeven. Deze topproducten van Belgische brouwers, stokers en distilleerders zijn beslist het ontdekken waard. De meeste van de Belgische whiskymakers ontvangen u trouwens ook graag in hun distilleerderij en proeflokaal.

Patrick Ludwich
Karel Puype

Stokerij Pirlot

Avant-propos

Les ouvrages de référence et les compendiums sur le whisky peuvent facilement remplir une petite bibliothèque. Ces livres se concentrent souvent sur les pays producteurs traditionnels de whisky tels que l'Écosse, l'Irlande et les États-Unis, mais l'époque où ces producteurs étaient les seuls à pouvoir être compétitifs est révolue depuis bien longtemps.

Les 'nouveaux' ou relativement jeunes pays producteurs de whisky se font de plus en plus entendre et leurs spiritueux peuvent compter sur une reconnaissance internationale, comme en témoignent de nombreuses récompenses prestigieuses.

Le phénomène du whisky belge est encore relativement jeune – le premier whisky d'origine belge a été commercialisé il y a à peine 15 ans – mais il semble avoir le vent en poupe. Et il est tout à fait étonnant de voir ce qui a été réalisé en si peu de temps. Non seulement les pionniers élargissent leur gamme à un rythme effréné, mais chaque année, un certain nombre de nouvelles initiatives voient le jour. Parfois, il s'agit de brasseurs prospères qui réalisent un rêve de longue date, et d'autres fois, de distilleries de renom qui – noblesse oblige – veulent aussi avoir un whisky dans leur gamme. En outre, les premiers embouteilleurs belges indépendants font leur apparition, mettant sur le marché des éditions single cask qui ont été affinées par des distillateurs établis. En effet, l'intérêt d'un public de connaisseurs et donc le marché commercial potentiel sont considérables.

Depuis le début, les producteurs de whisky belges ont résolument opté pour la qualité et l'originalité, et cela a porté ses fruits. Un public d'acheteurs fidèles les soutient et leurs produits de haute qualité sont devenus des pièces de collection très convoitées, en Belgique comme à l'étranger. La plupart des producteurs peuvent à peine ou pas du tout répondre à la demande et un certain nombre d'entre eux prévoient une expansion substantielle de la production dans un avenir proche.

Le livre que vous avez sous les yeux, dresse la carte du paysage du whisky belge aujourd'hui. Et celui-ci s'est avéré être beaucoup plus étendu que prévu. Inévitablement, il s'agit d'un instantané dans le temps : ce qui est disponible aujourd'hui ne le sera peut-être plus demain. De nouveaux noms de producteurs apparaîtront avec le temps, c'est la raison pour laquelle nous concluons ce livre par 'un regard vers l'avenir'. Nous avons essayé d'inclure le plus grand nombre possible de whiskys disponibles aujourd'hui et mis en bouteille dans le passé, afin de rendre cet aperçu aussi complet que possible. De cette façon, le présent ouvrage deviendra également une référence pour les intéressés, les passionnés et les collectionneurs.

Mais surtout, nous espérons que ce livre trilingue contribuera au développement de la réputation internationale du whisky belge et qu'il vous incitera, cher lecteur, à le déguster. Ces produits phares des brasseurs et distillateurs belges sont à découvrir absolument. La plupart des producteurs de whisky belges se feront un plaisir de vous accueillir dans leur distillerie et leur salle de dégustation.

Patrick Ludwich
Karel Puype

When compiling this publication it was a conscious decision to include only objective information about each whisky. Ratings, quotations, flavour profiles and tasting notes are left to the experienced taste buds of the whisky enthusiast or connoisseur. Only the facts and figures provided by the distilleries themselves are mentioned, using the symbols below.

Bij de samenstelling van deze uitgave werd bewust gekozen om bij elke whisky enkel objectieve informatie te geven. Beoordelingen, quoteringen, smaakprofielen en tasting notes worden overgelaten aan de geoefende smaakpapillen van de whiskyfanaat of -connoisseur. Enkel de facts *en* figures *verschaft door de stokerijen zelf, worden met behulp van onderstaande symbolen vermeld.*

Lors de la rédaction de cette publication, il a été décidé de ne fournir que des informations objectives sur chaque whisky. Les évaluations, cotes, profils de goût et notes de dégustation sont laissés aux papilles expérimentées de l'amateur ou du connaisseur de whisky. Seuls les faits et chiffres fournis par les distilleries elles-mêmes sont mentionnés, en utilisant les symboles ci-dessous.

Alcohol Content / *Alcoholpercentage* / Degrés d'alcool

Age / *Leeftijd* / Age

Content / *Inhoud* / Contenu

Availabilty / *Beschikbaarheid* / Disponibilité

Manufacturer / *Producent* / Producteur

Used Grains
Gebruikte granen
Graines utilisées

Type of Still / *Distilleerketel* / Alambic

Maturation Cask
Rijpingsvat
Fût de maturation

Finishing / *Afwerking* / Finition

Peat / *Turf* / Tourbage

Filtering
Filtering
Filtrage

Bottling
Botteling
Embouteillage

Contents / *Inhoud* / Sommaire

40 BOTTLES

In 2019, Patrick Ludwich had the idea of writing a book about Belgian whiskies, with the noble aim of putting an end to the step-motherly treatment of our homemade Belgian products compared to Scottish, Irish, Japanese and other world whiskies.

The book started a real movement. Whisky lovers became increasingly aware of the rich variety and quality of Belgian whiskies.

After numerous initiatives on the subject of Belgian whisky, including lectures, tasting sessions, stands at festivals, etc., the idea was born to bring out an own range of Belgian whiskies. Patrick started discussing the idea with various distilleries and the basis was laid for the start of a series of Belgian whiskies under the name 40 Bottles. The number 40 refers to the fact that at least 40 bottles, in a unique bottling, will come on the market. From the start, the aim was to create a fan club of 40 members who would support 40 Bottles. The project will run for 10 years and was launched in October 2021 with a first release from Wave Distil. This whisky has matured for 10 years in virgin oak casks. The barrel containing 188 litres of whisky will be released in two parts: a first part at cask strength at 60% alcohol and a second part after a finish on a yet to be determined exclusive rum barrel.

The bottle will not only feature the 40 Bottles logo, but also a figure that was designed by cartoonist Stieven Van Der Poorten at the request of Patrick Ludwich. This cartoon figure will be given a connecting role and will thread the labels of all the bottles together, as it were, into a story. On the first bottle, the figure plays the saxophone, a reference to Dinant, birthplace of Adolphe Sax and the place where producer Wave Distil is located. Each label of every new release will have a reference like this.

Heerle 16, 2275 Poederlee

finespirits.be

In 2019 kwam Patrick Ludwich op het idee een boek te schrijven over Belgische whisky's, met het nobele doel een einde te maken aan de stiefmoederlijke behandeling die de producten uit eigen land te beurt viel in vergelijking met de Schotse, Ierse, Japanse en andere wereldwhisky's.

Dat boek bracht een ware beweging op gang. Whiskyliefhebbers kregen steeds meer besef van de rijkdom aan variatie en de kwaliteit van die Belgische whisky's.

Na talloze initiatieven rond Belgische whisky, waaronder lezingen, de organisatie van proefmomenten, standen op festivals... ontstond het idee om een eigen reeks Belgische whisky's op de markt te brengen. Patrick ging met diverse stokerijen gesprekken aan en met een aantal onder hen werd de basis gelegd voor de start van een reeks Belgische Whisky's onder de naam 40 Bottles. Het getal 40 staat daarbij voor het gegeven dat er minstens 40 flessen in een unieke botteling op de markt moeten komen. Van bij het begin werd er ook gestreefd om een fanclub op te richten van 40 leden die 40 Bottles zouden ondersteunen. Het project kent een looptijd van 10 jaar en is van start gegaan in oktober 2021 met een eerste release, afkomstig van Wave Distil. Deze whisky heeft 10 jaar gerijpt op virgin oak vaten. Het vat dat 188 liter whisky bevat, zal in twee delen op de markt komen: een eerste deel op cask strength aan 60 % alcohol in zijn huidige vorm en een tweede deel na een finish op een nog nader te bepalen exclusief Rumvat.

Op de fles komt niet alleen het logo van 40 Bottles te staan, maar ook een figuur die op verzoek van Patrick Ludwich werd ontworpen door cartoonist Stieven Van Der Poorten. Die cartoonfiguur krijgt een verbindende rol en rijgt de etiketten van alle flessen als het ware aaneen tot een verhaal. Op de eerste fles speelt het figuurtje saxofoon, een referentie naar Dinant waar producent Wave Distil gevestigd is, en tevens de geboortestad van Adolphe Sax. Elk label van een nieuwe release zal op die manier een typische verwijzing krijgen.

En 2019, Patrick Ludwich a eu l'idée d'écrire un livre sur les whiskys belges, dans le noble but de mettre fin à la pauvre appréciation réservée aux produits du terroir par rapport aux whiskys écossais, irlandais, japonais et autres.

Le livre a déclenché un véritable mouvement. Les amateurs de whisky ont pris conscience de la richesse de la variété et de la qualité des malts belges.

Après de nombreuses initiatives sur le thème du whisky belge, dont des conférences, l'organisation de dégustations, des stands lors de festivals, etc., l'idée est née de sortir une gamme de whiskys belges bien à lui. Patrick a entamé des négociations avec différentes distilleries et avec un certain nombre d'entre elles, les bases ont été jetées pour le lancement d'une série de whiskys belges sous le nom de 40 Bottles. Le chiffre 40 signifie qu'au moins 40 bouteilles du single cask bottling doivent être mises sur le marché. Dès le début, l'objectif était de créer un fan club de 40 membres qui soutiendraient 40 Bottles. Le projet durera 10 ans et a été lancé en octobre 2021 avec une première release de Wave Distil. Ce whisky a mûri pendant 10 ans dans des fûts de chêne vierge. Le fût contenant 188 litres de whisky sera mis en vente en deux parties : une première partie au dégré du fût à 60% d'alcool dans sa forme actuelle et une seconde partie après une finition sur un fût de rhum exclusif qui reste à déterminer.

La bouteille portera non seulement le logo 40 Bottles, mais aussi un personnage conçu par le dessinateur Stieven Van Der Poorten à la demande de Patrick Ludwich. Ce personnage de bande dessinée reliera les étiquettes de toutes les bouteilles pour en faire une histoire. Sur la première bouteille, il joue du saxophone, une référence à Dinant, où se trouve le producteur Wave Distil, et en même temps le lieu de naissance d'Adolphe Sax. Chaque étiquette d'une nouvelle release aura de cette manière une référence typique.

40 Bottles: First Release 2021
Wave Distil - 10 Jaar Oude Whisky

60

10 years / *jaar* / années

50 cl

Yes / *Ja* / Oui (limited edition, 270 bottles)

Wave Distil

Barley
Gerst
Orge

Pot still Charentais

Virgin oak
Nieuwe eik
Chêne neuf

No / *Neen* / Non

No / *Neen* / Non

Non-chill filtered
Non-chill gefilterd
Non-filtré à froid

On site, by hand
Ter plaatse, met de hand
Sur place, à la main

BOTTLES & LEGENDS

Bottles & Legends is the brain child of two friends who are passionate about all the good things in life and motorsport. Didier Huchon is an entrepreneur who loves new challenges and a true gourmet with a taste for gastronomy. Sébastien Mottrie works as a consultant, represents a number of spirit importers at Belgian trade shows and has long been active as a respected whisky blogger (passionduwhisky.com).

Together they founded the independent bottler Bottles & Legends in 2020. A first Single Malt Whisky was released fairly quickly, distilled at Wave Distil, but those still hoping to get their hands on a bottle are out of luck. All 140 bottles have already found a new home.
For the design of their labels, the duo called on renowned Belgian artists and illustrators. Racetracks will always be the theme, because 'the spirit of the race' is close to their hearts. The cartoonist Jean-Marc Krings created the character of the racing driver Jacky Barrel who poses next to a Porsche 356 pre-A on the label of the first batch of the 'Légendes des Circuits' collection. The label for the second bottle in the series will again feature a Porsche, this time created by illustrator Robert Paquet. This whisky will also be a Single Malt Whisky distilled at Wave Distil (3 years old, matured in virgin oak casks, limited edition of 400 bottles).
From the outset, the two men hinted that their business would not be limited to bottling whisky. Today they also offer a splendid Armagnac distilled by Delord Frères Distillateurs.

Bottles & Legends is het geesteskind van twee vrienden met een passie voor alle goede dingen des levens én autosport. Didier Huchon is bedrijfsleider, hij houdt van nieuwe uitdagingen en is een ware fijnproever met een hart voor de betere gastronomie. Sébastien Mottrie werkt als consultant, vertegenwoordigt een aantal importeurs van spirits op Belgische salons en is sinds lange tijd actief als gerespecteerd blogger over whisky (passionduwhisky.com).

Samen riepen ze in 2020 de independent bottler *Bottles & Legends in het leven. Vrij snel werd een eerste Single Malt Whisky op de markt gebracht, gedistilleerd bij Wave Distil, maar wie nog hoopt een fles op de kop te kunnen tikken, is eraan voor de moeite. Alle 140 flessen vonden reeds een koper. Voor het ontwerp van hun etiketten doet het duo een beroep op bekende Belgische kunstenaars en illustratoren. Racecircuits zullen in principe steeds als thema terugkeren, want 'l'esprit de la course' ligt hen na aan het hart. Striptekenaar Jean-Marc Krings creëerde de figuur van autocoureur Jacky Barrel die op het etiket van de eerste batch in de collectie 'Légendes des Circuits' naast een Porsche 356 pre-A poseert. Op het label van de tweede fles in de reeks verschijnt opnieuw een Porsche, dit keer van de hand van illustrator Robert Paquet. Opnieuw gaat het om een Single Malt Whisky gedistilleerd bij Wave Distil. Hij heeft 3 jaar gerijpt op ongebruikte eiken vaten en de release wordt beperkt tot 400 flessen.*
Van meet af aan lieten beide heren uitschijnen dat hun activiteit zich niet tot het bottelen van whisky zou beperken. En dat werd al snel bewaarheid, want ondertussen bieden ze ook al een schitterende Armagnac aan gedistilleerd bij Delord Frères Distillateurs.

Bottles & Legends est le projet original de deux amis passionnés par toutes les bonnes choses de la vie et le sport automobile. Didier Huchon est un chef d'entreprise qui aime les nouveaux défis et un véritable gourmet qui a le goût de la gastronomie. Sébastien Mottrie travaille comme consultant, représente un certain nombre d'importateurs de spiritueux aux salons belges et est depuis longtemps actif en tant que blogueur respecté sur le whisky (passionduwhisky.com).

Ensemble, ils ont fondé l'embouteilleur indépendant Bottles & Legends en 2020. Un premier Single Malt Whisky est sorti assez rapidement, distillé à Wave Distil, mais ceux qui espèrent encore mettre la main sur une bouteille n'ont pas de chance. Les 140 bouteilles ont déjà trouvé un acheteur.
Pour la conception de leurs étiquettes, le duo a fait appel à des artistes et illustrateurs belges de renom. Les circuits de course reviendront toujours comme thème, car 'l'esprit de la course' leur tient à cœur. Le dessinateur Jean-Marc Krings a créé le personnage du pilote automobile Jacky Barrel qui pose à côté d'une Porsche 356 pre-A sur l'étiquette du premier lot de la collection 'Légendes des Circuits'. L'étiquette de la deuxième bouteille de la série présente à nouveau une Porsche, cette fois créée par l'illustrateur Robert Paquet. Il s'agit à nouveau d'un Single Malt Whisky distillé à Wave Distil (3 ans, mûri en fûts de chêne vierges, édition limitée de 400 bouteilles).
Dès le début, les deux hommes ont laissé entendre que leurs activités ne se limiteraient pas à la mise en bouteille du whisky. Et cela s'est vite réalisé, car entre-temps, ils proposent également un splendide Armagnac distillé par Delord Frères Distillateurs.

Rue de Souvret, 6141 Forchies-la-Marche

bottleslegends.be

Bottles & Legends Single Malt
Wave Distil Distillery - Bottling Série 'Légendes des Circuits'

50

6 years / *jaar* / années

70 cl

Wave Distil

Barley
Gerst
Orge

Pot still Charentais

French oak, medium charred
Franse eik, medium charred
Chêne français, medium charred

First fill bourbon
First fill bourbon
First fill bourbon

No / *Neen* / Non

Non-chill filtered
Non-chill gefilterd
Non-filtré à froid

On site
Ter plaatse
Sur place

Bottles & Legends Single Malt
Wave Distil Distillery - Bottling Série 'Légendes des Circuits' Classic Version: Batch 1

46

3 years / *jaar* / années

70 cl

Yes / *Ja* / Oui (limited edition, 400 bottles)

Wave Distil

Barley
Gerst
Orge

Pot still Charentais

Virgin oak
Nieuwe eik
Chêne neuf

First fill bourbon
First fill bourbon
First fill bourbon

No / *Neen* / Non

Non-chill filtered
Non-chill gefilterd
Non-filtré à froid

On site
Ter plaatse
Sur place

STOKERIJ BRAECKMAN

In the aftermath of the First World War, there was a great shortage of jenever, at the time the most popular hard liquor in our regions. The Germans, looking for resources for the war industry, had dismantled almost all distilleries, which meant the death of many small agricultural (mostly jenever) distilleries.

The story goes that Achiel Braeckman, who owned a grocery shop at the time, one day decided to produce his own jenever. A golden move, given the great demand. The birth of distillery Braeckman was a fact. Achiel had his own secret mixture of juniper berries and other herbals, which he macerated in grain alcohol. This herbal mixture was blended with purchased malt wine in copper kettles. Both the jenever and the distillery were given the name De Blauwe Duif.

In 1957, Willy Braeckman takes over the management of the company. Under his leadership, the range of drinks was extended, but the family character of the company was preserved. Filip Braeckman, who took over in 1987, started the construction of a new grain distillery in 1996 in a modern and more industrial setting. It included temperature-controlled fermentation tanks, a column still with twelve plates and a combination pot still/column still for the second distillation. A modern, but traditional set-up that has been used for jenever production in Flemish agricultural distilleries since the end of the 19th century, which, with minor adjustments, offers enormous potential. Because jenever consumption was declining rapidly, Filip realised that he had to diversify to keep the distillery viable. Grain, fruit and cream jenevers, gin, liqueurs and whisky were added to the range. It is Dirk Verleysen of Dram 242, a well-known whisky shop, who selected a first cask of single grain whisky from the large stocks of grain distillate (1/3 malted barley and 2/3 rye) maturing in the company. Due to the great success of this bottling, Filip Braeckman decided to market more whisky in the following years. Each whisky is bottled per barrel, which means that every edition is limited.

The fermentation process is started with live yeasts cultivated in the distillery. The mash is made with water pumped from very deep underground making it very soft and pure. The unfiltered, fermented mash of about 8% is distilled in two stages: first in a column still with twelve plates and then (depending on the desired flavour pattern) in a pot still or in a combination pot still/column still, resulting in a fine distillate without loss of aroma. Meanwhile, there are also plans to release a single malt whisky. Braeckman has a stock of grain distillates aged 20 years and older that might one day be marketed as whisky.

Berchemweg 61, 9700 Oudenaarde

braeckman.eu

In de nasleep van de Eerste Wereldoorlog was er een groot tekort aan jenever, in die tijd zeer populair in onze streken. De Duitsers, op zoek naar materiaal voor de oorlogsindustrie, hadden nagenoeg alle stokerijen ontmanteld, wat de doodsteek betekende voor vele kleine landbouwstokerijen.

Het verhaal gaat dat Achiel Braeckman, die in de tijd een kruidenierszaak had, op een dag besliste om zelf jenever te produceren. Een gouden zet, gezien de grote vraag. De geboorte van koude stokerij Braeckman was een feit. Achiel liet een eigen geheime kruidenmengeling met jeneverbessen en andere kruiden macereren in graanalcohol. Dit kruidenmengsel vermengde hij in koperen ketels met aangekochte moutwijn. De jenever en de stokerij kregen de naam De Blauwe Duif.

In 1957 neemt Willy Braeckman de leiding van het bedrijf over. Onder zijn bewind wordt het gamma dranken uitgebreid, maar blijft het familiale karakter van het bedrijf behouden. Onder Filip Braeckman, die in 1987 aan het roer komt, wordt in 1996 gestart met de bouw van een nieuwe graanstokerij in een moderne omgeving met temperatuurgeregelde fermenteertanks, een column still *met twaalf platen en een combinatie* pot still/column still *voor de tweede distillatie. Een moderne, maar traditionele opstelling die al sinds het einde van de 19de eeuw voor jeneverproductie gebruikt werd in de Vlaamse landbouwstokerijen, die mits kleine aanpassingen enorm veel mogelijkheden biedt. Omdat het jeneververbruik sterk achteruitgaat, beseft Filip dat hij moet diversifiëren om de stokerij leefbaar te houden. Zo komen graan-, vruchten- en roomjenevers, gin, likeuren én whisky bij het gamma. Het is Dirk Verleysen van Dram 242, een bekende whiskyzaak, die bij Braeckman een eerste vat single grain whisky selecteert uit de grote voorraden granendistillaat (1/3 gemoute gerst en 2/3 rogge) die in het bedrijf liggen te rijpen. Door het grote succes van deze botteling, beslist Filip Braeckman de jaren nadien meer whisky op de markt te brengen. Elke whisky wordt per vat gebotteld waardoor de oplage telkens zeer gelimiteerd is.*

De vergisting gebeurt met levende gisten gekweekt in de stokerij. De mash wordt gemaakt met water dat opgepompt wordt uit een zeer diepe grondlaag waardoor het erg zacht en zuiver is. Het ongefilterde, vergiste beslag van ongeveer 8% wordt in twee fasen gestookt: eerst in een column still met twaalf platen en vervolgens (afhankelijk van het gewenste smaakpatroon) in een pot still of in een combinatie pot still/ column still, waardoor een fijn distillaat verkregen wordt, zonder verlies van aroma's. Ondertussen zijn er ook plannen om een single malt whisky uit te brengen. Ook leuk om weten is dat er granendistillaten liggen te rijpen van 20 jaar en ouder die misschien ooit wel als whisky op de markt zullen komen.

Au lendemain de la Première Guerre mondiale, il y a eu une grande pénurie de genièvre, très populaire dans nos régions à l'époque. Les Allemands, à la recherche de matériel pour l'industrie de guerre, avaient démantelé presque toutes les distilleries, ce qui signifiait la mort de nombreuses petites distilleries agricoles.

L'histoire raconte qu'Achiel Braeckman, qui tenait une épicerie à l'époque, décida un jour de produire son propre genièvre. Une très bonne décision, étant donné la forte demande. La naissance de la distillerie froide Braeckman était un fait.

Achiel avait son propre mélange secret d'herbes, composé de baies de genièvre et d'autres herbes qu'il faisait macérer dans de l'alcool de grain. Il mélangeait ces herbes avec du vin de malt acheté dans des marmites en cuivre. Le genièvre et la distillerie furent nommés De Blauwe Duif.

En 1957, Willy Braeckman vient à la tête de l'entreprise. Sous sa direction, la gamme de boissons est étendue, mais le caractère familial de l'entreprise est préservé. Filip Braeckman, qui a pris la relève en 1987, a commencé la construction d'une nouvelle distillerie de céréales en 1996 dans un environnement moderne avec des cuves de fermentation à température contrôlée, un alambic à colonne à douze plateaux et une combinaison pot still/column still pour la deuxième distillation. Une installation moderne, mais en même temps traditionnelle puisqu'elle est utilisée pour la production de genièvre dans les distilleries agricoles flamandes depuis la fin du XIXe siècle et qui, moyennant quelques ajustements mineurs, offre un énorme potentiel. La consommation de genièvre diminuant rapidement, Filip se rend compte qu'il doit se diversifier pour assurer la viabilité de la distillerie. Des genièvres de grain, de fruits et de crème, du gin, des liqueurs et du whisky viennent compléter la gamme.

C'est Dirk Verleysen de Dram 242, un spécialiste du whisky bien connu, qui sélectionne un premier fût de whisky single grain parmi les importants stocks de distillat de grain (1/3 d'orge maltée et 2/3 de seigle) en cours de maturation dans l'entreprise. En raison du grand succès de cette mise en bouteille, Filip Braeckman a décidé de continuer de commercialiser du whisky au cours des années suivantes. Chaque whisky est embouteillé par baril, ce qui signifie que l'édition est toujours très limitée.

La fermentation se fait avec des levures vivantes cultivées dans la distillerie. Le mash est fabriqué avec de l'eau pompée très profondément dans le sol, ce qui le rend très doux et pur. Le moût non filtré et fermenté d'environ 8 % est distillé en deux étapes : d'abord dans un alambic à colonne à douze plateaux, puis (en fonction de l'arôme souhaité) dans un alambic à pot ou dans une combinaison pot still/column still, ce qui permet d'obtenir un distillat fin sans perte d'arôme.
Entre-temps, on projette aussi de lancer un whisky single malt. Il est également bon de savoir qu'il existe des distillats de céréales âgés de 20 ans et plus qui pourraient un jour être commercialisés comme du whisky.

Braeckman Single Grain Whisky
Single Barrel

- 64,9
- 13 years / *jaar* / années
- 50 cl
- Yes / *Ja* / Oui
- Stokerij Braeckman
- Rye and malt
  Rogge en mout
  Seigle et malt
- Column still / pot still
- First fill bourbon
  First fill bourbon
  Fûts de bourbon de premier remplissage
- No / *Neen* / Non
- No / *Neen* / Non
- Non-chill filtered
  Non-chill gefilterd
  Non-filtré à froid
- On site, half automatic
  Ter plaatse, halfautomatisch
  Sur place, semi-automatique

Braeckman Single Grain Whisky Single Barrel

63,9

13 years / *jaar* / années

50 cl

Yes / *Ja* / Oui

Stokerij Braeckman

Rye and malt
Rogge en mout
Seigle et malt

Column still / pot still

First fill bourbon
First fill bourbon
Fûts de bourbon de premier remplissage

No / *Neen* / Non

No / *Neen* / Non

Non-chill filtered
Non-chill gefilterd
Non-filtré à froid

On site, half automatic
Ter plaatse, halfautomatisch
Sur place, semi-automatique

Braeckman Single Grain Whisky Oloroso Sherry Cask Finish

50

12 years / *jaar* / années

50 cl

Yes / *Ja* / Oui

Stokerij Braeckman

Rye and malt
Rogge en mout
Seigle et malt

Column still / pot still

First fill bourbon
First fill bourbon
Fûts de bourbon de premier remplissage

Oloroso sherry
Oloroso sherry
Oloroso sherry

No / *Neen* / Non

Non-chill filtered
Non-chill gefilterd
Non-filtré à froid

On site, half automatic
Ter plaatse, halfautomatisch
Sur place, semi-automatique

Braeckman Single Grain - Single Barrel
(12Y - 46% - first fill Bourbon - 2020)

Braeckman Single Grain - Single Barrel
(12Y - 62,7% - first fill Bourbon - 2020)

Braeckman Single Grain - Single Barrel
(12Y - 62,9% - first fill Bourbon - 2020)

Braeckman Single Grain Oloroso Sherry Cask Finish
(10Y - 60,5% - first fill Bourbon/Oloroso sherry cask - 2019)

Braeckman Single Grain Single Barrel

(12Y - 66,1% - first fill Bourbon)

Braeckman Single Malt Single Barrel

(10Y - 46% - first fill Bourbon)

Braeckman Single Grain 100th Anniversary Edition

(11Y - 65,3% - first fill Bourbon)

Braeckman Single Grain Single Barrel

(10Y - 46% - first fill Bourbon)

Braeckman Single Grain Single Cask Dram 242

(9Y - 64,4% - first fill Bourbon)

Braeckman Single Grain Single Barrel

(12Y - 64,4% - first fill Bourbon)

SIR CHILL

CROWN SPIRITS

Since 2015, lovers of quality spirits have found their way to The Gin & Whisky Shop in the city centre of Bruges. At the start of 2021, business owners Robin Dedoncker and Jonas Verbeke moved into a larger premises in the Dweersstraat. This duo has been passionate about spirits with character for years. Their assortment is unique for the region.

Under the Crown Spirits label, they successfully launched their Crown Belgian Single Malt in early 2021. A limited edition of 90 bottles of Malt matured in red wine barrels of Château Margaux. Four years earlier, Robin Dedoncker and Jonas Verbeke had presented themselves at Stokerij Braeckman with a request to distil the basis for their whisky. Braeckman distillery did not immediately jump in, but in the end they decided to join forces with the Bruges' duo, a successful cooperation resulting in a promising new spirit. Distillery Braeckman produced a Single Grain as well as a Single Malt distillate. Maturation does not take place in traditional bourbon or new oak barrels, but in numerous special barrels, such as ex-port, red wine, madeira, marsala, sherry, calvados, rum... According to experts, the complex flavour palette of the Malt was very promising.

In the early autumn of 2021, another next step was taken: no fewer than three brand new whiskies were launched simultaneously – all 43 months old: a Crown Belgian Single Grain Whisky Islay Quarter Cask Finish (241 bottles), a Crown Belgian Single Grain Whisky Port Wine Cask Finish (46 bottles) and a Crown Belgian Single Grain Whisky Margaux Red Wine Cask Finish (56 bottles).
The fifth anniversary of The Gin & Whisky Shop was celebrated in November 2021 with the release of a new Single Grain matured on First Fill Oloroso Sherry Cask.

Dweersstraat 2, 8000 Brugge

crownspirits.be

Liefhebbers van de betere spirits vinden al sinds 2015 vlot de weg naar The Gin & Whisky Shop in de Brugse binnenstad. Begin 2021 namen zaakvoerders Robin Dedoncker en Jonas Verbeke hun intrek in een ruimer pand in de Dweersstraat. Dit duo is sinds jaar en dag gepassioneerd door karaktervolle spirits en heeft een uniek aanbod voor de regio.

Onder het label Crown Spirits brachten ze begin 2021 met succes hun Crown Belgian Single Malt op de markt. Een beperkte oplage van 90 flessen Malt gerijpt in rodewijnvaten van Château Margaux. Vier jaar eerder hadden Robin Dedoncker en Jonas Verbeke zich aangeboden bij Stokerij Braeckman met het verzoek om de basis te stoken voor hun whisky. Bij Braeckman zegde men niet onmiddellijk toe, maar finaal ging men toch met het Brugse duo in zee, met een succesvolle en veelbelovende new spirit als resultaat. Stokerij Braeckman produceerde een Single Grain, alsook een Single Malt distillaat. De rijping gebeurt niet op klassieke bourbon- of nieuwe eiken vaten, maar op tal van speciale vaten, zoals ex-porto, wijn, madeira, marsala, sherry, calvados, rum … Volgens kenners liet het complexe smakenpallet van de Malt het beste verhopen.

In de vroege herfst van 2021 werd een volgende belangrijke stap gezet: maar liefst drie gloednieuwe whisky's werden tegelijkertijd op de markt gebracht – alle 43 maanden oud: een Crown Belgian Single Grain Whisky Islay Quarter Cask Finish (241 flessen), een Crown Belgian Single Grain Whisky Port Wine Cask Finish (46 flessen) en een Crown Belgian Single Grain Whisky Margaux Red Wine Cask Finish (56 flessen). Het vijfjarige bestaan van The Gin & Whisky Shop werd in november 2021 gevierd met de release van een nieuwe Single Grain gerijpt op First Fill Oloroso Sherry Cask.

Depuis 2015, les amateurs des meilleurs spiritueux habitant la région brugeoise aiment passer un bon moment au Gin & Whisky Shop dans le centre-ville. Début 2021, les propriétaires Robin Dedoncker et Jonas Verbeke ont emménagé dans des locaux plus grands dans la Dweersstraat. Ce duo se passionne depuis des années pour les spiritueux de caractère et propose une sélection unique pour la région.

Sous le label Crown Spirits, ils ont lancé avec succès leur Crown Belgian Single Malt au début de 2021. Une édition limitée de 90 bouteilles de malt élevé en fûts de vin rouge de Château Margaux. Quatre ans plus tôt, Robin Dedoncker et Jonas Verbeke s'étaient présentés à la Stokerij Braeckman pour demander de distiller la base de leur whisky. La distillerie Braeckman a hésité pendant quelque temps, mais elle a finalement décidé d'unir ses forces à celles du duo brugeois, ce qui a donné naissance à un nouveau spiritueux prometteur et couronné de succès. La distillerie Braeckman a produit un distillat Single Grain ainsi qu'un Single Malt. La maturation n'a pas lieu dans les traditionnels fûts de bourbon ou de chêne neuf, mais dans de nombreux fûts spéciaux, tels que des fûts ex-porto, de vin, de madère, de marsala, de xérès, de calvados, de rhum, ... Selon les experts, la palette gustative complexe du malt était très prometteuse.

Au début de l'automne 2021, une autre étape importante a été franchie : pas moins de trois tout nouveaux whiskies ont été lancés simultanément – tous âgés de 43 mois : un Crown Belgian Single Grain Whisky Islay Quarter Cask Finish (241 bouteilles), un Crown Belgian Single Grain Whisky Port Wine Cask Finish (46 bouteilles) et un Crown Belgian Single Grain Whisky Margaux Red Wine Cask Finish (56 bouteilles).
Le cinquième anniversaire de The Gin & Whisky Shop a été célébré en novembre 2021 avec la sortie d'un nouveau Single Grain mûri sur un fût de sherry Oloroso de premier remplissage.

Crown Belgian Single Malt

(62,3% - Margaux Red Wine Cask)

Crown Belgian Single Grain Whisky Port Wine Cask Finish

60,1

43 months / *maanden* / mois

50 cl

Yes / *Ja* / Oui (limited edition, 46 bottles)

Crown Spirits / Stokerij Braeckman

Rye and malted barley
Rogge en gemoute gerst
Seigle et orge malté

Column still - pot still

First fill bourbon
First fill bourbon
Fûts de bourbon de premier remplissage

Port wine
Porto
Porto

No / *Neen* / Non

No / *Neen* / Non

In warehouse, by hand
In eigen magazijn, met de hand
Dans l'entrepôt, à la main

Crown Belgian Single Grain Whisky Islay Quarter Cask Finish

60

43 months / *maanden* / mois

50 cl

Yes / *Ja* / Oui (limited edition, 241 bottles)

Crown Spirits / Stokerij Braeckman

Rye and malted barley
Rogge en gemoute gerst
Seigle et orge malté

Column still - pot still

First fill bourbon
First fill bourbon
Fûts de bourbon de premier remplissage

Islay Quarter Cask
Islay Quarter Cask
Islay Quarter Cask

No / *Neen* / Non

No / *Neen* / Non

In warehouse, by hand
In eigen magazijn, met de hand
Dans l'entrepôt, à la main

Crown Belgian Single Grain Whisky Margaux Red Wine Cask Finish

58,9

43 months / *maanden* / mois

50 cl

Yes / *Ja* / Oui (limited edition, 56 bottles)

Crown Spirits / Stokerij Braeckman

Rye and malted barley
Rogge en gemoute gerst
Seigle et orge malté

Column still - pot still

First fill bourbon
First fill bourbon
Fûts de bourbon de premier remplissage

Margaux red wine
Margaux rode wijn
Margaux vin rouge

No / *Neen* / Non

No / *Neen* / Non

In warehouse, by hand
In eigen magazijn, met de hand
Dans l'entrepôt, à la main

Eau de Villée
DISTILLERIE de BIERCEE
DEPUIS 1946

DISTILLERIE DE BIERCÉE

In the post-war period, alcohol was in great demand, but many old farm distilleries had been dismantled during the war and grain was scarce and costly. Six friends from Biercée came up with the idea of distilling alcohol from fruit.

In 1946, the Distillerie de Biercée was born. Emile Gazagne, a French railway engineer who had patented 'the apparatus for continuous distillation', was to build the boiler. The distillery's first product, Bierçac, an eau de vie made from cider, was launched in 1949, and subsequent products, such as Biercine and Noyautine, were also successful. In 1973, the fruit trees in the region were felled en masse because of a European decree that wanted to motivate farmers to give up growing fruit. It was a difficult year, but the distillery persevered. It adapted to the new situation and was the only one in the region to survive a market flooded with cheap spirits flavoured with chemical extracts and colourings.

In 1990, industrialist and investor Albert Frère took over the distillery. Thanks to his contribution, there was capital to invest in new technology. Philippe Dumont, Frère's confidant, fell in love with the artisanal distillery and took it over in 1991. Arnold Holstein was commissioned to build four new distillation columns. The more sophisticated distilling possibilities lead to products of exceptional quality. This success caused the distillery to burst at its seams. In December 2000, it moved to a new site in the neighbouring village of Ragnies.

In 2015, the Distillerie de Biercée embarked on its whisky adventure. It focused on the production of a 100% organic Belgian rye whisky made from 51% rye malt and 49% barley malt smoked on birch wood. In order to be able to offer a quality product from the start, they joined forces with two other Belgian companies. Le Malterie du Château, Belgium's oldest malt house, took care of the malting of the grains, while the neighbouring Brewery La Binchoise was responsible for the mixing of the malts and the fermentation. Le Maître de Chai provided his expertise in maturing on wood and guided the master distiller in the choice of six types of barrels that, after maturation, provide the whisky with a personality. Distillerie de Biercée chooses to market part of the newly matured one- or two-year-old spirit. In this way, return on investment is quicker and consumer feedback can be processed to produce an even better product. The first batch of Biercée Rye Whisky, an organic rye whisky, aged three years, came on the market. Each bottle is numbered and only 7,500 bottles are available.

After the release of their first whisky, the distillery was taken over by la Brasserie des Légendes srl. With renewed energy a number of new whiskies were distilled.

For example, two new 5-year single malt Witches whiskies matured in Sauternes casks are announced, in a lighter (44% - single cask, 500 bottles) and a heavier version (69% - single cask, 300 bottles). The cellar was also filled with future whisky, brewed and fermented in the Ath brewery and distilled in Biercée. However, we will have to wait a few years to discover and taste it...

Rue de la Roquette 36, 6532 Thuin

bierceedistillery.com

In de naoorlogse periode was veel vraag naar alcohol, maar vele oude boerderijstokerijen waren tijdens de oorlog ontmanteld en bovendien was er weinig graan. Er rijpte bij zes vrienden uit Biercée het plan om van fruit alcohol te stoken.

In 1946 was de Distillerie de Biercée een feit. Het eerste product van de stokerij dat in 1949 op de markt komt als Bierçac, een eau de vie gestookt van cider, was een schot in de roos en ook volgende producten zoals Biercine en Noyautine waren succesvol. In 1973 werden de fruitbomen in de streek massaal gekapt omwille van een Europees decreet dat boeren wou motiveren om af te stappen van fruitteelt. Het wordt een moeilijk jaar maar de distilleerderij houdt stand. Ze past zich aan en overleeft zelfs als enige in de streek een markt die overspoeld wordt met goedkope sterke dranken op smaak gebracht met chemische extracten en kleurstoffen.

In 1990 neemt Albert Frère de distilleerderij over. Dankzij zijn inbreng is er voldoende kapitaal om te investeren in nieuwe technologie. Philippe Dumont, vertrouweling van Frère, wordt verliefd op de ambachtelijke stokerij en neemt ze in 1991 over. De Duitse ketelbouwer Arnold Holstein bouwt in zijn opdracht vier distilleerkolven en -kolommen. De meer verfijnde stookmogelijkheden leiden tot producten van uitzonderlijke kwaliteit. Het succes zorgt ervoor dat de stokerij uit haar voegen barst. In december 2000 wordt uitgeweken naar een nieuwe locatie in Ragnies.

In 2015 begint de Distillerie de Biercée aan haar whiskyavontuur. Ze richt zich op de productie van een 100% biologische Belgische rye whisky gemaakt van 51% roggemout en 49% gerstemout gerookt op berkenhout. Om van in het begin een kwaliteitsvol product te kunnen aanbieden, slaan ze de handen in elkaar met twee andere Belgische ondernemingen. Le Malterie du Château, de oudste mouterij van België, zorgt voor de mouting van de graansoorten, en de naburige Brouwerij La Binchoise, neemt de menging van de mouten en de fermentatie voor haar rekening. Le Maître de Chai stelt zijn expertise op het vlak van rijping op hout ter beschikking en begeleidt de meesterstoker in de keuze van zes soorten vaten die na de rijping moeten zorgen voor een persoonlijke toets aan het specifieke en rustieke karakter van de whisky. Distillerie de Biercée kiest ervoor om een deel van de nieuw gerijpte één- of tweejarige spirit al op de markt te brengen. Zo rendeert het kapitaal sneller en kan feedback van de consument meteen verwerkt worden om tot een nog beter product te komen. Intussen is de eerste batch echte Belgische bio rye whisky van drie jaar oud, de Biercée Rye Whisky, een feit. Elke fles is genummerd en per batch zijn slechts 7.500 flessen beschikbaar.

Na de release van hun eerste whisky werd de stokerij overgenomen door la Brasserie des Légendes srl. Onder hun vlag nam de distileerderij een hoge vlucht en worden en aantal nieuwe whisky's gestookt. Zo worden twee nieuwe 5-jarige single malt Witches whisky's gerijpt op Sauternesvaten aangekondigd, in een lichtere (44% - single cask, 500 flessen) en een zwaardere versie (69% - single cask, 300 flessen). De kelder werd ook gevuld met toekomstige whisky, gebrouwen en vergist in de brouwerij in Ath en gedistilleerd in Biercée. Het blijft evenwel nog een paar jaar wachten om die te kunnen ontdekken en proeven…

Dans la période d'après-guerre, une forte demande en alcool était bien présente chez les consommateurs. De nombreuses anciennes distilleries agricoles avaient été démantelées pendant la Seconde Guerre mondiale et les céréales venaient à manquer pour distiller l'alcool. Six amis de Biercée ont alors eu l'idée de distiller de l'alcool à partir de fruits.

C'est donc en 1946 que la Distillerie de Biercée voyait le jour. Le premier spiritueux de la distillerie, le Bierçac, une eau de vie à base de cidre, a été lancé en 1949. Les produits suivants, tels que la Biercine et la Noyautine ont également rencontré leur succès. En 1973, en raison d'un décret européen qui incitait les agriculteurs à abandonner la culture, les arbres fruitiers de la région ont été abattus en masse. L'année a été difficile, mais la distillerie a persévéré et s'est adaptée. Elle sera, à ce moment-là, la seule de la région à survivre dans un marché inondé de spiritueux bon marché aromatisés aux extraits et colorants chimiques.

En 1990, Albert Frère reprend la distillerie. Grâce à sa contribution, les capitaux sont suffisants pour investir dans de nouvelles technologies. Philippe Dumont, un confident de Frère, tombe amoureux de la distillerie artisanale et la relève en 1991. Le constructeur allemand de chaudières Arnold Holstein est alors chargé de construire quatre nouvelles colonnes de distillation et les possibilités de distillation plus sophistiquées permettent ainsi d'obtenir des produits d'une qualité exceptionnelle. Ce vif succès fait exploser les ventes de la distillerie et les murs deviennent trop étroits. En décembre 2000, elle déménage sur un nouveau site dans le village voisin de Ragnies.

En 2015, la Distillerie de Biercée se lance enfin dans l'aventure du whisky. Elle se concentre sur la production d'un whisky de seigle belge 100 % biologique élaboré à partir de 51 % de malt de seigle et de 49 % de malt d'orge fumés sur du bois de bouleau. Afin de pouvoir offrir un produit de qualité dès le départ, la distillerie s'associe à deux autres entreprises belges. La Malterie du Château, la plus ancienne malterie de Belgique, s'occupe du maltage des grains ; tandis que la Brasserie voisine La Binchoise est responsable du mélange des malts et de la fermentation. Le Maître de Chai apporte quant à lui son expertise en matière de maturation sur bois et guide le Maître distillateur dans le choix de six types de fûts qui, après maturation, doivent apporter une touche personnelle au caractère spécifique et rustique du whisky. La Distillerie de Biercée choisit de commercialiser une partie du distillat d'un ou deux ans d'âge. De cette façon, le capital revient plus rapidement et les commentaires des consommateurs peuvent être évalués immédiatement pour faire un produit encore meilleur. Entre-temps, le premier lot de whisky de seigle biologique belge de trois ans d'âge, le Biercée Rye Whisky, est un fait. Chaque bouteille est numérotée et seulement 7500 bouteilles sont disponibles.

Après la sortie du premier whisky, la société a été reprise par la Brasserie des Légendes. Sous leur drapeau, la distillerie a pris un nouvel essor et plusieurs nouveaux whiskys sont déjà annoncés. Entre autres, deux nouveaux whiskys Witches single malt de 5 ans d'âge élevés en fûts de Sauternes, une version plus légère (44% – single cask, 500 bouteilles) et une version brut de fût (69% – single cask, 300 bouteilles). La cave a également été remplie de futur whisky brassé et fermenté dans la brasserie d'Ath et distillé à Biercée. Cependant, il faudra attendre quelques années avant de pouvoir le découvrir et le déguster...

Belgian Rye

- 44
- 2 years / *jaar* / années
- 50 cl
- Yes / *Ja* / Oui (edition of 2500 bottles)
- Distillerie de Biercée
- 51% rye + 49% barley
  51% rogge + 49% gerst
  51% seigle + 49% orge
- Holstein column still
- Bourbon, Xeres (Pedro Ximenez), Franse eik
  Bourbon, Xeres (Pedro Ximenez), French oak
  Bourbon, Xeres (Pedro Ximenez), chêne français
- No / *Neen* / Non
- beech-smoked barley malt
- non-chill filtered, pleated filter
  non-chill, platenfilter
  filtration à chaud (à plaques)
- On site
  Ter plaatse
  Sur place

Belgian Rye Whisky

41

3 years / *jaar* / années

50 cl

Yes / *Ja* / Oui (edition of 7500 bottles)

Distillerie de Biercée

51% rye + 49% barley
51% rogge + 49% gerst
51% seigle + 49% orge

Holstein column still

Bourbon, Xeres (Pedro Ximenez), Franse eik
Bourbon, Xeres (Pedro Ximenez), French oak
Bourbon, Xeres (Pedro Ximenez), chêne français

No / *Neen* / Non

beech-smoked barley malt

non-chill filtered, pleated filter
non-chill, platenfilter
filtration à chaud (à plaques)

On site
Ter plaatse
Sur place

BROUWERIJ DE GRAAL

De Graal brewery in Brakel is known for its high-quality beers that are enjoyed far beyond the national borders. They are also the producer of many occasional beers for beer companies, associations and other businesses that want to brew a beer, based on their own recipe or starting from a De Graal beer recipe.

By analogy with German breweries, brewmaster Wim Saeyens got the idea of distilling his beer into a spirit, even though it was certainly never the intention to make spirits a core business. The legislation for starting a distillery is very strict in all respects, so Wim Saeyens decided that it certainly made more sense to collaborate with an experienced and reputable distillery in a neighbouring municipality. De Graal thus produced a very tasty spirit called Bierbrand, a double distillate with an alcohol content of 40% made from beer that was brewed especially for the spirit, and Triverius, a sweet liqueur with an alcohol content of 25%.

The brewery also decided to market its own whisky. As is the case with Bierbrand and the liqueur, the mash for the whisky, which consists of 100% malted barley, is made in the brewery. After fermentation, the mash has an alcohol content of 9-10% and is distilled at the distillery.
The distillate is matured for at least five years in first-fill Four Roses bourbon casks. The result is a smooth whisky with a high alcohol percentage of 63% and a distinct vanilla aroma.

De Graal plans to start up its own small distillery on the brewery site in 2022.

Industrielaan 42a, 9660 Brakel

degraal.be

Brouwerij De Graal in Brakel is gekend voor zijn hoogstaande bieren die tot ver over de landsgrenzen gesmaakt worden, maar ook als producent van gelegenheidsbieren voor bierfirma's, verenigingen, en bedrijven die er hun eigen recept laten brouwen of verderbrouwen op een recept van De Graal.

Naar analogie met Duitse brouwerijen groeide bij brouwmeester Wim Saeyens het idee om van zijn bier ook een spirit te gaan stoken, ook al was het zeker nooit de bedoeling om van geestrijke dranken een core business te maken. De wetgeving om een stokerij op te starten is op alle vlakken bijzonder streng, waardoor Wim Saeyens besloot dat het zinvoller was om een samenwerking aan te gaan met een ervaren en gereputeerde stokerij in een naburige gemeente. De Graal bracht op die manier een zeer gesmaakte spirit uit met de naam Bierbrand, een dubbeldistillaat met een alcoholpercentage van 40% gestookt uit bier dat speciaal voor deze spirit werd gebrouwen, en Triverius, een zoete likeur met een alcoholpercentage van 25%.

De brouwerij besluit ook een eigen whisky op de markt te brengen. Net zoals voor Bierbrand en de likeur wordt het beslag van de whisky, dat bestaat uit 100% gemoute gerst, in de brouwerij gemaakt. Na fermentatie heeft het beslag een alcoholpercentage van 9 tot 10% en wordt het afgestookt door de stokerij. Het distillaat wordt minstens vijf jaar gerijpt op first fill Four Roses bourbonvaten. Het resultaat is een zachte whisky met een hoog alcoholpercentage van 63% en een uitgesproken vanillearoma.

Brouwerij De Graal plant de opstart van een eigen kleine stokerij op de site in 2022.

La brasserie De Graal à Brakel est connue pour ses bières de haute qualité qui sont appréciées bien au-delà des frontières nationales, mais aussi en tant que producteur de bières occasionnelles pour des sociétés brassicoles, des associations et des entreprises qui font brasser leur propre recette ou qui font brasser à base d'une recette de De Graal.

Par analogie avec les brasseries allemandes, le brasseur Wim Saeyens a eu l'idée de distiller également sa bière en spiritueux, même s'il n'a jamais été question de faire des boissons spiritueuses une activité principale. La législation relative à la création d'une distillerie étant très stricte à tous égards, Wim Saeyens a décidé qu'il était plus judicieux d'entamer une collaboration avec une distillerie expérimentée et réputée située dans une municipalité voisine. De Graal a ainsi produit un spiritueux très apprécié appelé Bierbrand, un double distillat d'une teneur en alcool de 40 % fabriqué à partir de bière brassée spécialement pour ce spiritueux, et Triverius, une liqueur sucrée d'une teneur en alcool de 25 %.

La brasserie décide finalement de mettre sur le marché son propre whisky. Comme pour le Bierbrand et la liqueur, le moût du whisky, composé à 100% d'orge maltée, est fait dans la brasserie. Après la fermentation, le moût a une teneur en alcool de 9 à 10 % et est distillé à la distillerie. Le distillat est mûri pendant au moins cinq ans dans des fûts de bourbon Four Roses de premier remplissage. Le résultat est un whisky onctueux avec un taux d'alcool élevé de 63% et un arôme de vanille prononcé.

La brasserie De Graal prévoit d'installer sa propre petite distillerie sur le site en 2022.

San Graal

(5Y - 63%)

San Graal

63

7 years / *jaar* / années

20, 50 cl

Limited amount

De Graal

malted barley
gemoute gerst
orge maltée

Column still / Pot still

Four Roses bourbon
Four Roses bourbon
Fûts de bourbon Four Roses de premier remplissage

No / *Neen* / Non

No / *Neen* / Non

non-chill with activated charcoal
non-chill over actieve kool
non-filtré à froid avec charbon actif

On site, by hand
Ter plaatse, met de hand
Sur place, à la main

STOKERIJ DE MOLENBERG

The history of Distillery De Molenberg is inextricably linked to that of brewery Het Anker (Mechelen). The traditional brewery dates back to 1369 and was partly located on the grounds of the Mechelen beguinage. Emperor Charles V, who grew up in the city, even had the beer delivered to Spain. In his honour it was given the name 'Gouden Carolus'.

In 1872, the brewery came into the hands of Lodewijk Van Breedam and Carolus Boonaerts, and it would stay in the Van Breedam family for many years. In 1990, 24-year-old Charles Leclef took over the brewery, which had fallen into disrepair, from his uncle Charles Van Breedam, and made it viable again. The Van Breedam family had also been brewing jenever in the family farmstead on the Molenberg (Blaasveld) since 1637 until the First World War put a stop to this. The site fell into disuse and plans were made to sell the farm and the family domain. However, in 2009 Charles Leclef decided to safeguard the family heritage and bought the domain. Charles was more interested in whisky than in jenever and was convinced that the malt mash of his Gouden Carolus Tripel could be used to produce a refined whisky. The whisky distillery would thus become the perfect marriage of the two family traditions: brewing and distilling. However, Charles' decision to make his whisky dream come true in the old family distillery caused a number of practical problems as the space was just too limited to make the mash, distil the whisky and accommodate the maturation process. That last part of the process was therefore moved to the brewery.

The large pot stills, hand-crafted in Scotland, were a first step towards the success of Gouden Carolus whisky. The actual distilling takes place in two stages. The mash with an alcohol content of around 9 percent is first fired in the still wash, the largest vessel with a volume of 8000 litres. The resulting low wines have an alcohol content of 21 percent. These are pumped up to the spirit still, where they are distilled into new make spirit, ready for maturing. Maturation takes place in first-fill bourbon casks and in the brewery's Anker casks, which have been processed according to the distillery's requirements. The casks of maturing whisky are escorted to the brewery. When the whisky has matured, some of it returns to the distillery in bottle form for sale. The remainder of the whisky is stored in the brewery's warehouses and in a large whisky depot in Mechelen-North.

Klaterstraat 1, 2830 Blaasveld

hetanker.be

De historiek van Stokerij De Molenberg is onlosmakelijk verbonden met die van de Mechelse brouwerij Het Anker. De ambachtelijke brouwerij dateert van 1369 en bevond zich voor een deel op de gronden van het Mechelse begijnhof. Keizer Karel V, die in de stad opgroeide, liet het Mechelse bier zelfs tot in Spanje leveren. Om hem te eren kreeg het dan ook de naam 'Gouden Carolus'.

In 1872 kwam de brouwerij in handen van Lodewijk Van Breedam en Carolus Boonaerts en zou vele jaren in handen van de familie Van Breedam blijven. In 1990 nam de 24-jarige Charles Leclef de in verval geraakte brouwerij over van zijn oom Charles Van Breedam. Diezelfde familie Van Breedam stookte al sinds 1637 jenever in de familiehoeve aan de Molenberg (Blaasveld) tot de Eerste Wereldoorlog daar een bruusk einde aan maakte en het verhaal van de stokerij geschreven leek. De site zou uiteindelijk verkocht worden. Charles Leclef zag die plannen met lede ogen aan en besloot in 2009 om het domein aan te kopen en zo het erfgoed van de familie veilig te stellen. Charles' interesse lag meer bij whisky dan bij jenever. Hij was er vast van overtuigd dat van het moutbeslag van zijn Gouden Carolus Tripel een verfijnde whisky gestookt kon worden. De whiskystokerij zou zo het perfecte huwelijk worden van de twee familietradities: brouwen en distilleren. De keuze van Charles Leclef om zijn whiskydroom waar te maken in de familiale jeneverstokerij, zorgde wel voor een aantal praktische problemen. De ruimte was te beperkt om het beslag te maken, de whisky te stoken én de rijping te herbergen. Dat deel van het proces werd dan ook in de brouwerij ondergebracht.

De grote pot stills, *met de hand geslagen in Schotland, waren een eerste stap naar het succes van de Gouden Carolus whisky. Het eigenlijke stoken gebeurt in twee fasen. Het beslag met een alcoholpercentage van ongeveer 9 procent wordt eerst afgestookt in de* still wash, *de grootste ketel met een volume van 8000 liter. Het resultaat zijn de* low wines *met een alcoholgehalte van 21 procent. Deze worden opgepompt naar de spirit still, waar ze worden afgestookt tot* new make spirit, *klaar om gerijpt te worden. De rijping gebeurt in de* first fill *bourbonvaten en in de eigen Ankervaten die werden bewerkt volgens de eisen van de stokerij. De vaten rijpende whisky worden vervolgens geëscorteerd naar brouwerij. Als de whisky rijp is, komt een deel ervan op fles terug naar de stokerij om er verkocht te worden. De rest van de whisky blijft bewaard in de magazijnen in de brouwerij en in een groot whiskymagazijn in het depot in Mechelen-Noord.*

L'histoire de la distillerie De Molenberg est inextricablement liée à celle de la brasserie Het Anker de Malines. La brasserie artisanale remonte à 1369 et était en partie située sur le terrain du béguinage de Malines. L'empereur Charles V, qui a grandi dans la ville, a même fait livrer la bière de Malines en Espagne. En son honneur, elle a reçu le nom de 'Gouden Carolus'.

En 1872, la brasserie est passée aux mains de Lodewijk Van Breedam et Carolus Boonaerts. Elle est restée la propriété de la famille Van Breedam pendant de nombreuses années. En 1990, Charles Leclef, à l'âge de 24 ans, a repris la brasserie, qui était tombée en ruine, de son oncle Charles Van Breedam. La même famille Van Breedam faisait du genièvre dans la ferme familiale du Molenberg (Blaasveld) depuis 1637, jusqu'à ce que la Première Guerre mondiale y mette un terme brutal et que l'histoire de la distillerie semble écrite. Le site sera finalement vendu. Charles Leclef voit ces projets d'un mauvais œil et décide en 2009 de racheter le domaine afin de sauvegarder le patrimoine familial. Charles s'intéressait plus au whisky qu'au genièvre. Il était fermement convaincu que le brassin de son Gouden Carolus Tripel pouvait être utilisé pour faire un whisky raffiné. La distillerie de whisky deviendrait ainsi le mariage parfait des deux traditions familiales de brassage et de distillation. La décision de Charles Leclef de réaliser son rêve de whisky dans la distillerie familiale a cependant posé un certain nombre de problèmes pratiques. L'espace était trop limité pour faire le moût, distiller le whisky et permettre la maturation.
Cette partie du processus a donc été déplacée vers la brasserie.

Les grands chaudrons, fabriqués à la main en Écosse, ont été un premier pas vers le succès du whisky Gouden Carolus. La distillation proprement dite se déroule en deux étapes. Le moût, dont la teneur en alcool est d'environ 9 %, est d'abord distillé dans le *still wash*, le plus grand chaudron d'un volume de 8000 litres. Il en résulte des *low wines* dont la teneur en alcool est d'environ 21 %.

Ces derniers sont pompés jusqu'au *spirit still,* où ils sont distillés en *new make*, prêt à vieillir. La maturation a lieu dans des fûts de bourbon de premier remplissage et des fûts Anker qui ont été traités selon les exigences de la distillerie. Le *spirit* est ensuite escorté jusqu'à la brasserie ou jusqu'au dépôt à Malines, où il pourra mûrir. Après la maturation, une partie du whisky embouteillé retourne à la distillerie pour y être vendu.

Gouden Carolus Single Malt

46

min. 3 years / *jaar* / années

5, 20, 50, 70 cl

Yes / *Ja* / Oui

Stokerij De Molenberg

Pilsner Malt
Pilsmout
Malt pilsner

Forsythes

First fill bourbon
First fill bourbon
Fûts de bourbon de premier remplissage

Anker cask
Ankervat
fûts Anker

No / *Neen* / Non

Non-chill filtered
Non-chill gefilterd
Non-filtré à froid

On site
Ter plaatse
Sur place

Gouden Carolus Single Malt Blaasveld Broek

46

min. 3 years / *jaar* / années

20, 50 cl

Yes / *Ja* / Oui

Stokerij De Molenberg

Pilsner Malt
Pilsmout
Malt pilsner

Forsythes

First fill bourbon / Anker
First fill bourbon / Anker
Fûts de bourbon de premier remplissage / Anker

No / *Neen* / Non

Mild turf 20 PPM

Non-chill filtered
Non-chill gefilterd
Non-filtré à froid

On site
Ter plaatse
Sur place

Gouden Carolus Single Malt Sherry Oak

46

8 years / *jaar* / années

50 cl

Yes / *Ja* / Oui

Stokerij De Molenberg

Pilsner Malt
Pilsmout
Malt pilsner

Forsythes

First fill bourbon / Anker
First fill bourbon / Anker
Fûts de bourbon de premier remplissage / Anker

Oloroso Sherry (oak)
Oloroso Sherry (eik)
Oloroso Sherry (chêne)

No / *Neen* / Non

Non-chill filtered
Non-chill gefilterd
Non-filtré à froid

On site
Ter plaatse
Sur place

Stokerij De Molenberg - Distillery Edition Pure Taste - Bourbon Cask

50

min. 3 years / *jaar* / années

20 cl

Yes / *Ja* / Oui (distillery only)

Stokerij De Molenberg

Pilsner Malt
Pilsmout
Malt pilsner

Forsythes

Bourbon
Bourbon
Bourbon

No / *Neen* / Non

No / *Neen* / Non

Non-chill filtered
Non-chill gefilterd
Non-filtré à froid

On site
Ter plaatse
Sur place

Stokerij De Molenberg - Distillery Edition Pure Taste - Anker Cask

50

8 years / *jaar* / années

20 cl

Yes / *Ja* / Oui (distillery only)

Stokerij De Molenberg

Pilsner Malt
Pilsmout
Malt pilsner

Forsythes

Anker
Anker
Anker

No / *Neen* / Non

No / *Neen* / Non

Non-chill filtered
Non-chill gefilterd
Non-filtré à froid

On site
Ter plaatse
Sur place

Stokerij De Molenberg - Distillery Edition Pure Taste - Oloroso Cask

50

min. 3 years / *jaar* / années

20 cl

Yes / *Ja* / Oui (distillery only)

Stokerij De Molenberg

Pilsner Malt
Pilsmout
Malt pilsner

Forsythes

Oloroso Sherry
Oloroso Sherry
Oloroso Sherry

No / *Neen* / Non

No / *Neen* / Non

Non-chill filtered
Non-chill gefilterd
Non-filtré à froid

On site
Ter plaatse
Sur place

1st Anniversary Edition 2014 - Gold Fusion

(46% - Bourbon/Oloroso & Port - 20/50 cl)

2nd Anniversary Edition 2015 - Fado Vivo

(46% - Bourbon/Tawny Port - 20/50 cl)

3rd Anniversary Edition 2016 - Sola Jerez

(46% - Bourbon/Oloroso - 20/50 cl)

4th Anniversary Edition 2017 - Muscad'or

(46% - Bourbon/Muscat - 20/50 cl)

5th Anniversary Edition 2018 - Victor

(46% - Bourbon - 20/50 cl)

6th Anniversary Edition 2019 - Esmeralda

(46% - Bourbon/Madeira - 20/50 cl)

7th Anniversary Edition 2020 - Rabelo

(46% - Bourbon/White Port - 20/50 cl)

Gouden Carolus Finest Selection - Dark Port

(46% - Port - 50 cl)

Gouden Carolus Finest Selection - Chermignac

(46% - Bourbon/Pineau des Charentes - 50 cl)

Gouden Carolus Single Malt - Bresser & Timmer

(65% - Bourbon/Anker - 50 cl)

Gouden Carolus Festival Bottling - International Malt Whisky Festival Gent 2020

(67,5% - Anker/Bourbon - 50 cl)

NOLD HOLSTEIN
2 KETEL

STOKERIJ DE MOOR

For five generations, liqueur and wine merchant De Moor has offered a wide range of wines, champagnes, spirits and liqueurs. Just before the First World War, Frans de Moor and his wife Anna Lafon started a small distillery producing jenevers and liqueurs in the centre of Aalst.

Frans was killed during the German invasion, but the business was continued by his widow and son Albert and his wife Maria. After the Second World War, the assortment was considerably expanded and by the end of the 1950s, the third generation took the helm: Gilbert De Moor and his wife Eliane continued to make their own products according to the old recipes, but more and more spirits were imported from all over the world. In the mid-1980s, daughter Greet and her husband Patrick Van Schandevijl joined the company and made it grow. In 1999 the distillery was completely renovated, export to the US was set up in 2010 and, two years later, the first limited edition of the FG 23 gin was launched on the market. In 2012, daughter Carolien Van Schandevijl joined the team and 5 years later her younger sister Liesbeth did the same, ensuring the future of this family business.

Stokerij De Moor is a so-called 'warm' distillery, which means that the entire production process, from grain to shot, is done in-house, with respect for the craft and the knowledge of the experienced master distiller. The recipes are often complex. Because of the small scale of the distillery, they can take their time to make state of the art jenevers and liqueurs. De Moor Distillery never thinks in terms of volumes, but consciously specialises in original and high-quality small batches. This was also the case when, at the end of 2020, Stokerij De Moor bottled its first whisky on behalf of the Maltclan Whisky Club Belgium. A 12Y Belgian Single Malt (Lockdown Bottling) was then marketed in a limited edition of 150 bottles.

Gentsesteenweg 398, 9300 Aalst

stokerijdemoor.be

Reeds vijf generaties lang staat Likeur- en Wijnhandel De Moor voor een ruim assortiment aan wijnen, champagnes, spirits en likeuren. Net voor de Eerste Wereldoorlog begint Frans de Moor samen met echtgenote Anna Lafon een kleine stokerij van jenevers en likeuren in het centrum van Aalst.

Frans sneuvelt tijdens een inval van het Duitse leger, maar de zaak wordt verdergezet door zijn weduwe en zoon Albert en diens vrouw Maria. Na de Tweede Wereldoorlog wordt het assortiment flink uitgebreid en eind de jaren 1950 komt de derde generatie aan het roer: Gilbert De Moor en zijn vrouw Eliane maken nog steeds eigen producten volgens aloud recept, maar er wordt steeds meer sterkedrank vanuit de hele wereld ingeslagen. Halfweg de jaren 1980 komen dochter Greet en haar man Patrick Van Schandevijl in het bedrijf en bouwen het verder uit: de stokerij wordt in 1999 volledig vernieuwd, de export naar de VS wordt opgezet in 2010 en twee jaar later komt de eerste FG 23 gin in gelimiteerde oplage op de markt. Eveneens in 2012 vervoegt dochter Carolien Van Schandevijl het team en in 2017 komt ook haar zus Liesbeth in het bedrijf, waarmee de toekomst verzekerd is.

Stokerij De Moor is een warme stokerij, m.a.w. het hele productieproces van echte graanjenever gebeurt in eigen huis, van korrel tot borrel, met respect voor het ambacht én de kennis van een ervaren meesterstoker, want de recepten van de producten zijn vaak complex. Door de kleinschaligheid heeft men er de tijd en de ruimte om jenevers en likeuren te maken volgens de regels van de kunst. Er wordt nooit gedacht in termen van volumes, maar men specialiseert zich bewust in originele en kwalitatieve kleine oplagen. Dat was ook het geval toen Stokerij De Moor eind 2020 in opdracht van de Maltclan Whiskyclub Belgium een eerste whisky bottelde. Een 12Y Belgian Single Malt (Lockdown Botteling) werd toen op de markt werd gebracht in een gelimiteerde oplage van 150 flessen.

Depuis cinq générations, le négociant en vins et liqueurs De Moor propose une large gamme de vins, champagnes, spiritueux et liqueurs.

A la veille de la Première Guerre mondiale, Frans de Moor et sa femme Anna Lafon ouvrent une petite distillerie de gin et de liqueurs dans le centre d'Alost.

Mais quand l'armée allemande envahit le pays, Frans est tué. Son travail est alors poursuivi par sa veuve et son fils Albert et son épouse Maria. Après la Seconde Guerre mondiale, l'assortiment s'élargit considérablement et, à la fin des années 1950, la troisième génération prend les rênes : Gilbert De Moor et son épouse Eliane continuent à fabriquer leurs propres produits selon l'ancienne recette, mais de plus en plus de spiritueux sont importés du monde entier. Au milieu des années 1980, la fille Greet et son mari Patrick Van Schandevijl rejoignent l'entreprise et la développent davantage : la distillerie est entièrement rénovée en 1999, les exportations vers les États-Unis sont mises en place en 2010 et, deux ans plus tard, le premier gin FG 23 est lancé sur le marché en édition limitée. En 2012 également, la fille Carolien Van Schandevijl rejoint l'équipe. Sa sœur Liesbeth suivra cinq ans plus tard, assurant ainsi l'avenir.

Stokerij De Moor est une distillerie chaude, c'est-à-dire que l'ensemble du processus de production de genièvre est réalisé en interne, du grain au verre, dans le respect du métier et avec les connaissances d'un maître distillateur expérimenté, car les recettes des produits sont souvent complexes. Grâce à la petite échelle, on dispose du temps et de l'espace nécessaires pour fabriquer des genièvres et des liqueurs dans les règles de l'art. La famille ne pense jamais en termes de volumes, mais se spécialise dans les petites séries originales et de haute qualité.

Ce fut également le cas lorsque, fin 2020, Stokerij De Moor a embouteillé son premier whisky pour le compte du Maltclan Whisky Club Belgium. Un single malt belge 12 ans (Lockdown Bottling) a ensuite été commercialisé en édition limitée à 150 bouteilles.

Belgian Single Malt
Whiskyclub Maltclan - Lockdown Bottling

- 57,5
- 12 years / *jaar* / années
- 50 cl
- Yes / *Ja* / Oui (limited edition, 150 bottles)
- Stokerij De Moor
- Barley
Gerst
Orge
- Holstein pot still
- Bordeaux
Bordeaux
Bordeaux
- No / *Neen* / Non
- No / *Neen* / Non
- Non-chill, cardboard pleated filter
Non-chill, platenfilter
Non-filtré à froid, filtre à plaques en carton
- On site, manually
Ter plaatse, handmatig
Sur place, manuellement

FILLIERS DISTILLERY

In the first half of the nineteenth century, Karel Lodewijk Filliers became head of the family farm, and had to provide a living not only for his own family, but for the families of his two brothers as well. Jenever distilling became a sideline activity that made it easier for the farming family to get through the harsh winter months.

In winter, jenever was distilled from the surpluses of the harvest, the jenever was then sold and the residual product of the distillation was used as animal feed. In 1869, Kamiel Filliers succeeded Karel Lodewijk as head of the family business. Around this time, he also received a legal permit to distil alcohol.

In 1928, a new chapter began with Firmin Filliers, third generation. It was Firmin who developed the first Belgian gin recipe. This enabled the distillery to further expand its product and technical knowledge. Barrel aging was introduced by Louis and Carlos, fourth generation. Today Filliers has one of the largest maturing capacities in the BeNeLux and among other things houses the oldest jenevers in the world. Each generation continued to better the craft of distilling. Cousins Jan and Bernard Filliers were no different. With them the emphasis came to lie on innovation, first with the development of fruit and cream jenevers in the 1980s and later they started experimenting with whisky. The step to whisky was not so big, after all Filliers already had the know-how and infrastructure of jenever distillation. The malt wine made from equal parts of malted barley, corn and wheat that was used for the jenever could also serve perfectly as the basis for a grain whisky.

The first whisky, also the first whisky made in Belgium, was launched in 2007 as a single grain whisky. Goldlys is the result of a double distilling process, first in a column still and next in the pot still. A few years later Sunken Still was released, a full-bodied whisky made with rye. Building and bettering the art and craft of distilling is a permanent point of interest of the distillery. That is why the distillery also invested further in whisky with the construction and fitting out of a new still room. It makes Filliers Distillery a unique place with three distilleries on one site. In 2019, they launched the first Filliers Single Malt Whisky. A spirit that rested and aged ten years exclusively on sherry barrels made from European oak, which makes this whisky unique on the Belgian market. Even today, Filliers Distillery continues to innovate the craft of distilling.

Leernsesteenweg 5, 9800 Deinze

filliersdistillery.com

In de eerste helft van de negentiende eeuw werd Karel Lodewijk Filliers hoofd van het familielandbouwbedrijf dat niet alleen brood op de plank moest brengen voor zijn gezin, maar ook voor de gezinnen van zijn twee broers. Jeneverstoken werd een nevenactiviteit die het voor de landbouwfamilie gemakkelijker moest maken om de magere wintermaanden door te komen.

In de winter zou jenever gestookt worden van de overschotten van de oogst, de jenever zou verkocht worden en het restproduct van de stook kon dienstdoen als dierenvoeder. In 1869 volgt Kamiel Filliers Karel Lodewijk op als hoofd van het familiebedrijf. In die periode krijgt hij ook een wettelijke vergunning om alcohol te stoken.

In 1928 komt er een nieuw hoofdstuk aan dit verhaal onder de vleugels van de derde generatie met Firmin Filliers. Het was Firmin die het eerste Belgische ginrecept ontwikkelde. Daarmee kon de stokerij zijn productkennis ook verder uitbreiden. Het rijpen op vat werd door Louis en Carlos, vierde generatie, geïntroduceerd. Tegenwoordig heeft Filliers één van de grootste rijpingscapaciteiten hebben van BeNeLux en rusten er onder meer de oudste jenevers ter wereld. Elke generatie bouwde verder aan het ambacht van het stoken. Neven Jan en Bernard Filliers waren niet anders. Bij hen kwam de nadruk op innovatie te liggen, eerst met het ontwikkelen van de fruit en cream jenevers in de jaren 1980 en daarna met het experimenteren met whisky. De stap naar whisky was niet zo groot, Filliers had tenslotte de know how en infrastructuur van de jeneverdistillatie. De moutwijn gemaakt van gelijke delen gemoute gerst, maïs en graan die gebruikt werd voor de jenever, kon ook perfect dienstdoen als basis voor een graanwhisky.

De eerste whisky, meteen ook de eerste whisky in België gemaakt, werd gelanceerd in 2007 als een single grain whisky. Goldlys is het resultaat van een dubbel stookproces waarbij eerst wordt gedistilleerd in een kolomketel en vervolgens in de alambiek. Enkele jaren later volgde de Sunken Still *whisky, een volmondige whisky gemaakt met rogge. Bouwen aan het ambacht van het stoken blijft voor de stokerij een vaste waarde. Vandaar dat de stokerij ook verder investeerde in whisky met de bouw en inrichting van een nieuwe stillroom. Daarmee is Filliers Distillery een unieke plek waar drie stokerijen op één site staan. In 2019 lanceerden ze de eerste Filliers Single Malt Whisky. Een spirit die tien jaar op sherryvaten heeft gelegen, alweer een unicum op de Belgische markt.*
Ook vandaag nog blijft Filliers Distillery verder innoveren in het ambacht van het stoken.

Dans la première moitié du XIXe siècle, Karel Lodewijk Filliers était à la tête de la ferme familiale qui devait assurer la subsistance non seulement de sa propre famille, mais aussi des familles de ses deux frères.
La distillation du genièvre devenait une activité secondaire qui permettait à la famille d'agriculteurs de passer plus facilement les mois d'hiver difficiles.

En hiver, le genièvre était distillé à partir des excédents de la récolte, le distillat était vendu et le produit résiduel de la distillation pouvait être utilisé comme nourriture pour les animaux. En 1869, Kamiel Filliers succède à Karel Lodewijk à la tête de l'entreprise familiale. Au cours de cette période, il a également obtenu un permis légal pour distiller de l'alcool.

En 1928, un nouveau chapitre commence sous les ailes de la troisième génération avec Firmin Filliers. C'est Firmin qui a développé la première recette de gin belge. Cela a permis à la distillerie d'élargir encore sa connaissance des produits. La maturation en barrique a été introduite par Louis et Carlos, la quatrième génération. Aujourd'hui, Filliers dispose de l'une des plus grandes capacités de maturation du BeNeLux, où reposent notamment les plus vieux gins du monde. Chaque génération a contribué au développement de l'art de la distillation. Et cela vaut aussi pour les cousins Jan et Bernard Filliers. Avec eux, l'accent a été mis sur l'innovation, d'abord avec le développement des genièvres aux fruits et à la crème dans les années 1980, puis avec l'expérimentation du whisky. Le pas vers le whisky n'était pas si grand – après tout, Filliers avait le savoir-faire et l'infrastructure de la distillation du gin. Le vin de malt fabriqué à partir de parties égales d'orge, de maïs et de céréales maltés qui était utilisé pour le genièvre, pouvait aussi parfaitement servir de base à un whisky de grain.

Le premier whisky – du coup le premier whisky fait en Belgique – a été lancé en 2007 en tant que whisky single grain. Goldlys est le résultat d'un double processus de distillation, d'abord distillé dans un alambic à colonne, puis dans l'alambic à repasse. Il a été suivi quelques années plus tard par le whisky Sunken Still, un whisky corsé à base de seigle. Le développement de l'artisanat de la distillation reste une valeur importante pour la distillerie. C'est pourquoi l'entreprise a investi davantage dans le whisky avec la construction et l'aménagement d'un nouveau still room. Cela fait de la distillerie Filliers un lieu unique avec trois distilleries sur un même site. En 2019, ils ont lancé le premier whisky single malt Filliers. Un spiritueux qui a mûri dix ans dans des fûts de sherry, fait unique sur le marché belge. Aujourd'hui encore, la distillerie Filliers continue d'innover dans l'art de la distillation.

Filliers Single Malt Whisky

43

10 years / *jaar* / années

70 cl

Yes / *Ja* / Oui (limited edition 5500 bottles)

Filliers Distillery

Barley (malt)
Gerst (mout)
Orge (malt)

Pot still / Pot still

Oloroso & Pedro Ximenez Sherry
Oloroso & Pedro Ximenez Sherry
Oloroso & Pedro Ximenez Sherry

No / *Neen* / Non

No / *Neen* / Non

Unknown
Niet meegedeeld
Non communiqué

On site
Ter plaatse
Sur place

Goldlys Family Reserve Whisky

40

3 years / *jaar* / années

70 cl

Yes / *Ja* / Oui

Filliers Distillery

Rye (malt)
Rogge (mout)
Seigle (malt)

Column still / Pot still

First fill bourbon
First fill bourbon
Fûts de bourbon de premier remplissage

No / *Neen* / Non

No / *Neen* / Non

Unknown
Niet meegedeeld
Non communiqué

On site
Ter plaatse
Sur place

Sunken Still Single Rye Whisky 3YO

42

3 years / *jaar* / années

50 cl

Yes / *Ja* / Oui

Filliers Distillery

Rye
Rogge
Seigle

Column still / Pot still

New American oak
Nieuwe Amerikaanse eik
Chêne américain neuf

No / *Neen* / Non

No / *Neen* / Non

Unknown
Niet meegedeeld
Non communiqué

On site
Ter plaatse
Sur place

Sunken Still Single Rye Whisky 5YO

46,5

5 years / *jaar* / années

50 cl

Limited edition

Filliers Distillery

Rye
Rogge
Seigle

Column still / Pot still

New American oak
Nieuwe Amerikaanse eik
Chêne américaine

No / *Neen* / Non

No / *Neen* / Non

Unknown
Niet meegedeeld
Non communiqué

On site
Ter plaatse
Sur place

Goldlys Distillers Range
Oloroso Finish - Limited Edition

(12Y - 43% - 70cl - Bourbon + Oloroso Sherry Cask)

Goldlys Distillers Range
Amontillado Finish - Limited Edition

(12Y - 43% - 70cl - Bourbon + Amontillado Sherry Cask)

Goldlys Distillers Range
Manzanilla Finish - Limited Edition

(14Y - 43% - 70cl - Bourbon + Manzanilla Sherry Cask)

Goldlys Distillers Range
Madeira Finish - Limited Edition

(14Y - 43% - 70cl - Bourbon + Madeira Cask)

Goldlys Distillers Range Burgundy Cask Finish - Limited Edition

(14Y - 43% - 70cl - Bourbon + Burgundy Cask)

Goldlys Distillers Range Pedro Ximénez Sherry Cask Finish - Limited Edition

(14Y - 43% - 70cl - Bourbon + Pedro Ximénez Cask)

Sunken Still Single Rye Whisky 4YO

(4Y - 45% - 50 cl - new American oak)

Goldlys Belgian Double Still Whisky

(10Y - 40% - Bourbon Cask)

Goldlys Belgian Double Still Whisky Oloroso Sherry Cask Finish - First Release

(12Y - 43% - 70 cl - Bourbon + First Fill Oloroso Sherry)

Goldlys Belgian Double Still Whisky Amontillado Sherry Cask Finish - First Release

(12Y - 43% - 70 cl - Bourbon + First Fill Amontillado Sherry)

Goldlys Belgian Double Still Whisky Manzanilla Sherry Cask Finish - First Release

(12Y - 43% - 70 cl - Bourbon + First Fill Manzanilla Sherry)

Goldlys Belgian Double Still Whisky Pedro Ximénez Sherry Cask Finish - First Release

(12Y - 43% - 70 cl - Bourbon + First Fill Pedro Ximénez Sherry)

Goldlys Belgian Double Still Whisky Bourbon Single Cask
(1980 - 55% - 70 cl - Bourbon)

Goldlys Belgian Double Still Whisky Rye and Malt
(1988 - 46% - 70 cl - Bourbon)

Goldlys Belgian Double Still Whisky Sherry Wood
(1989 - 46% - 70 cl - Sherry Cask)

Goldlys Belgian Double Still Whisky Double Wood
(1989 - 46% - 70 cl - Bourbon/Sherry)

Goldlys Belgian Double Still Whisky Bourbon Wood - First Release

(1991 - 46% - 70 cl - Bourbon)

Goldlys Belgian Double Still Whisky Bourbon Wood - Second Release

(1991 - 46% - 70 cl - Bourbon)

Goldlys Belgian Double Still Whisky Single Cask Limousin

(1994 - 55% - 70 cl - Limousin)

Wijnwinkel
Hand
made
JONASBERG
STOKERIJ
1
2

STOKERIJ JONASBERG

It was Kamiel Mertens, the grandfather of current owner Jan, who started making cider in 1920. Later he would shift emphasis to importing wine and the production of spirits. His son continued the work and grandson Jan took over his father's distillery in 1979. Jenever Mertens has been produced according to the family recipe for more than 30 years. The entire process, even the distillation of malt wine is done in situ.

Since the arrival of a new distillery in 2015, a new wind is blowing through the company and Stokerij Jonasberg became a reality. The name 'Jonasberg' refers to the hill on which the company is located. The road to the distillery also bears this name. Everything is again distilled in-house. Not only because malt wine is becoming harder to find, but also because consumers and visitors like to experience the entire distilling process. Jan is always happy to explain the traditional artisan process.

Originally, the company only produced jenever, but about seven years ago it also started producing its own whisky. With success, it would appear, because in 2019 distillery Jonasberg won a bronze medal at the World Whiskies Awards organised by TheDrinksReport.com in the category Best Belgian Single Malt Single Cask.

The Jonasberg Single Malt is a beautiful golden brown whisky made from peated malt and only partially smoked, which has matured for 3 years in oak barrels, after which it was bottled at 45°. The whisky is not only single malt, but also single cask, as only one barrel was filled.
The Jonasberg Cask Strength is matured for 30 months in port and 6 months in American Oak micro-casks. This unique whisky is bottled at the original alcohol volume of 62° and comes unfiltered from the barrel.

A sherry cask finished Jonasberg Single Malt is announced for the end of 2021.

Steenweg op Aalst 84, 9620 Zottegem

stokerijjonasberg.be

Het was de grootvader van huidig eigenaar Jan Mertens die in 1920 begon met het maken van cider. Later zou Kamiel Mertens zich specialiseren in wijnimport en de productie van gedistilleerde dranken. Zijn zoon zette het werk verder en kleinzoon Jan nam in 1979 Stokerij Mertens van zijn vader over. Jenever Mertens wordt al meer dan 30 jaar volgens een familierecept vervaardigd. De moutwijn stoken ze zelf.

Sinds de komst van een nieuwe stookinstallatie in 2015 waait een nieuwe wind door het bedrijf en werd Stokerij Jonasberg een feit. De naam 'Jonasberg' verwijst naar de heuvel waarop het bedrijf gevestigd is. Die wordt in de volksmond Jonasberg genoemd. Ook de weg naar de stokerij draagt die naam. Sindsdien wordt alles opnieuw in eigen huis gestookt. Niet enkel omdat moutwijn steeds moeilijker te vinden is, maar ook omdat consumenten en bezoekers graag het volledige stookproces meemaken. Jan geeft met plezier een woordje uitleg over het ambachtelijke proces.

Oorspronkelijk maakte men enkel jenever, maar een zevental jaar geleden werd ook gestart met de productie van een eigen whisky. Met succes, zo zou blijken, want in 2019 behaalde stokerij Jonasberg een bronzen medaille op de World Whiskies Awards georganiseerd door TheDrinksReport.com in de categorie Best Belgian Single Malt Single Cask.

De Jonasberg Single Malt is een mooie bruin-goudkleurige whisky gemaakt van geturfde mout en slechts gedeeltelijk gerookt, die 3 jaar op eiken vaten heeft gerijpt, waarna hij gebotteld werd op 45°. De whisky is niet enkel single malt, *maar ook* single cask*: hij ging op één vat vooraleer hij werd gebotteld.*
De Jonasberg Cask Strength heeft een lagering van 30 maanden op portovat achter de rug en 6 maanden op een American Oak micro-cask. *Deze unieke whisky wordt gebotteld op het oorspronkelijke alcoholvolume, namelijk 62° en komt ongefilterd uit het vat.*

Voor eind 2021 wordt een sherry cask finished *Jonasberg Single Malt aangekondigd.*

C’est le grand-père du propriétaire actuel, Jan Mertens, qui a commencé à fabriquer du cidre en 1920. Plus tard, Kamiel Mertens se spécialisera dans l’importation de vin et la production de spiritueux. Son fils a poursuivi le travail et son petit-fils Jan a repris la distillerie de son père en 1979. Le genièvre Mertens est produit selon une recette familiale depuis plus de 30 ans. Ils distillent eux-mêmes le vin de malt.

Depuis l’installation d’une nouvelle distillerie en 2015, un vent nouveau a soufflé sur l’entreprise et Stokerij Jonasberg est devenue une réalité. Le nom ‘Jonasberg’ fait référence à la colline sur laquelle l’entreprise est située. Celle-ci est appelée Jonasberg par la population locale. La route qui mène à la distillerie porte également ce nom. Depuis lors, tout est à nouveau distillé en interne. Non seulement parce que le vin de malt est de plus en plus difficile à trouver, mais aussi parce que les consommateurs et les visiteurs aiment découvrir l’ensemble du processus de distillation. Jan se fera un plaisir d’expliquer le processus traditionnel.

À l’origine, l’entreprise ne produisait que du genièvre, mais il y a environ sept ans, elle a également commencé à produire son propre whisky. Avec succès, semble-t-il, puisqu’en 2019 la distillerie Jonasberg a remporté une médaille de bronze aux World Whiskies Awards organisés par TheDrinksReport.com dans la catégorie Meilleur Single Malt belge Single Cask.

Le Jonasberg Single Malt est un beau whisky de couleur brun doré, fabriqué à partir de malt tourbé et seulement partiellement fumé, qui a mûri pendant 3 ans en fûts de chêne, après quoi il a été mis en bouteille à 45°.
Le whisky n’est pas seulement un single malt, mais aussi un single cask : il a été mis dans un seul fût avant d’être embouteillé. Le Jonasberg Cask Strength a mûri pendant 30 mois en fût de porto et 6 mois en micro-fût de chêne américain. Ce whisky unique est embouteillé au volume d’alcool original de 62° et provient du fût sans être filtré.

Un Jonasberg Single Malt fini en fût de sherry est annoncé pour la fin de l’année 2021.

Jonasberg Single Malt

45	62
3 years / *jaar* / années	30 months + 6 months
50 cl	50 cl
Yes / *Ja* / Oui	Yes / *Ja* / Oui
Stokerij Jonasberg	Stokerij Jonasberg
Barley (50% smoked) *Gerst (50% gerookt)* Orge (50% fumée)	Barley (50% smoked) *Gerst (50% gerookt)* Orge (50% fumée)
Müller, double distill	Müller, double distill
Port *Porto* Porto	Port *Porto* Porto
No / *neen* / non	American oak *Amerikaanse eik* Chêne américain
35 PPM	35 PPM
non-chill, pleated filter *non-chill, platenfilter* non-filtré à froid, filtre à plaques	non-chill filtered *non-chill gefilterd* non-filtré à froid
On site, by hand *Ter plaatse, met de hand* Sur place, à la main	On site, by hand *Ter plaatse, met de hand* Sur place, à la main

NOBLE ELITE DRINKS

Noble Elite Drinks, based in Wetteren, is run by brothers Patrick and Bart Brys. The fast-growing company supplies gins, whisky, rum, vodka and tonics to the catering industry in Flanders and Wallonia.

The core objective is to introduce refined and trendy spirits and soft drinks whereby Belgian craftsmanship is the basis of the concept or production.

The range includes two whiskies, including a single malt of Belgian origin. This distillate has matured for 36 months in bourbon casks, resulting in a complex and refined, but accessible whisky with notes of vanilla and almond. The distinct florality makes it a soft, pleasant whisky that can perfectly serve as an aperitif.

Where this Belgian whisky is distilled is a carefully kept secret.

Noble Elite Drinks is gevestigd in Wetteren en wordt gerund door de broers Patrick en Bart Brys. Het sterk groeiende bedrijf levert gins, whisky, rum, vodka en tonics aan horeca in Vlaanderen en Wallonië.

Kerndoelstelling daarbij is het introduceren van verfijnde trendy sterkedranken en frisdranken waarbij Belgisch vakmanschap de basis vormt van de ontwikkeling of de productie.

In het aanbod steken twee whisky's, waaronder een single malt van Belgische oorsprong. Dit distillaat heeft 36 maanden gerijpt op bourbonvaten, wat resulteerde in een complexe en verfijnde, toegankelijke whisky met tonen van vanille en amandel. De uitgesproken floraliteit maakt hem tot een zachte, aangename whisky die perfect als aperitief kan dienen.

Waar de Belgische whisky gedistilleerd wordt, is een zorgvuldig bewaard geheim.

Noble Elite Drinks est basée à Wetteren et est dirigée par les frères Patrick et Bart Brys. Cette entreprise en pleine croissance fournit des gins, du whisky, du rhum, de la vodka et des tonics au secteur de la restauration en Flandre et en Wallonie.

L'objectif principal est d'introduire des spiritueux et des boissons rafraîchissantes raffinés et tendance, dans lesquels l'artisanat belge constitue la base du développement ou de la production.

La gamme comprend deux whiskys, dont un single malt d'origine belge. Ce distillat a mûri pendant 36 mois dans des fûts de bourbon, ce qui donne un whisky complexe et raffiné, accessible, avec des notes de vanille et d'amande. La floralité prononcée en fait un whisky doux et agréable qui peut parfaitement servir d'apéritif.

L'endroit où le whisky belge est distillé est un secret soigneusement gardé.

Kwatrechtsteenweg 105, 9230 Wetteren

nobledrinks.com

Noble – Belgian Whisky

40

3 years / *jaar* / années

70 cl

Yes / *Ja* / Oui

Unkown / *Niet meegedeeld* / Non communiqué

Wheat
Tarwe
Blé

Unkown / *Niet meegedeeld* / Non communiqué

Bourbon
Bourbon
Bourbon

No / *Neen* / Non

No / *Neen* / Non

pleated filter
platenfilter
filtre à plaques

On site, by hand
Ter plaatse, met de hand
Sur place, à la main

THE OWL DISTILLERY

The Owl distillery in Fexhe-le-Haut-Clocher is unique in Belgium as it only produces whisky. The spiritual father of The Owl Distillery is Etienne Bouillon.

Born into a family of wine and spirits merchants, it is not surprising that he was fascinated by brewing and distilling from an early age. In his search for the noble water that best reflects the identity of the Haspengouw countryside, he distilled everything from special beers to pear liqueur and finally to single malt. He took his first commercial steps with his own distillery, Lambicool.

His determination led him to join forces with the farmer Pierre Roberti and the financier Christian Polis. On 29 October 2004, the first 200 litre oak barrel was filled. All bottles were offered and sold through online presales. In November 2007, those who had pre-registered received their coveted bottle of Belgian Owl. The initial success led the Lambicool distillery to change its name to The Owl Distillery in September 2007.

Bouillon trained with Jim McEwan, the award-winning distiller of Bruichladdich. It was the same Jim McEwan who gave Etienne Bouillon the golden tip that the stills of the almost mythical Scottish Caperdonich distillery from 1898 would be sold. Until 2013, Etienne Bouillon had been working with a Swiss still from the 1880s, but the capacity was too small to make the business truly profitable. Thanks to Scottish stills, production could be increased to 80,000 bottles per year from 2016, allowing the export of Belgian Owl.
Belgian Owl is rightly described as a terroir whisky. Its taste profile is determined first and foremost by the barley - the specific Sebastian variety grown organically in the triangle formed by the rivers Meuse, Geer and Mehaigne - and by the sustainable treatment of the soil. Water is also essential. In the case of the Belgian Owl, it is drawn from an underground reservoir 38 metres below a limestone layer through which rainwater has been flowing for centuries. This exceptionally pure water gives the whisky its soft floral and mineral notes.

Belgian Owl quickly attracted the attention of whisky experts and was voted European Single Cask Whisky of the Year in 2011 and 2015, scoring 95.5% in Jim Murray's Whisky Bible. This was the start of a whole series of awards. With the establishment in 2021 of Dex Owl, in partnership with two new investors, The Owl distillery is showing its ambitions for the future. Capacity will be increased to 500,000 bottles a year to meet growing demand from export countries.

Hameau de Goreux 7, 4347 Fexhe-le-Haut-Clocher

belgianwhisky.com

The Owl Distillery in Fexhe-le-Haut-Clocher is uniek in België omdat er uitsluitend whisky wordt geproduceerd. De geestelijke vader van The Owl Distillery is Etienne Bouillon.

Geboren in een familie van wijn- en spirithandelaren, was het niet verwonderlijk dat hij als jongeman een passie ontwikkelde voor brouwen en stoken. In zijn zoektocht naar het edele nat dat het best de identiteit van het Haspengouwse platteland kon vatten, stookte hij vele producten; van speciaalbieren tot perenlikeur, om uit te komen bij de single malt. Via zijn eigen stokerij Lambicool zette hij zijn eerste commerciële stappen.

Zijn vastberadenheid leidde tot een partnerschap met landbouwer Pierre Roberti en financier Christian Polis.
Op 29 oktober 2004 werd het eerste eikenhouten vat van 200 liter gevuld. Alle flessen werden via online voorverkoop aangeboden en verkocht. In november 2007 kregen de voorintekenaars hun felbegeerde fles Belgian Owl. Het eerste succes zorgde ervoor dat stokerij Lambicool in september 2007 zijn naam veranderde naar The Owl Distillery.

Bouillon vervolmaakte zijn stokerstalenten bij Jim McEwan, de bekroonde distilleerder van Bruichladdich. Diezelfde Jim McEwan gaf Etienne Bouillon de gouden tip dat de stookketels van de bijna mythische Schotse Caperdonich distilleerderij uit 1898 zouden verkocht worden. Tot in 2013 werkte Etienne Bouillon met een Zwitserse alambiek uit 1880, maar de capaciteit van 500 liter was te klein om de markt te bevoorraden en de onderneming echt winstgevend te maken. Het is dankzij de Schotse ketels dat de productie vanaf 2016 kon opgeschaald worden tot 80.000 flessen per jaar waardoor niet alleen de thuismarkt continu bevoorraad kan worden, maar ook de export van Belgian Owl mogelijk werd. Belgian Owl wordt terecht een terroir whisky genoemd. Zijn smaakprofiel wordt in de eerste plaats bepaald door de gerst - de specifieke variëteit Sebastian die in de driehoek van de rivieren Maas, Geer en Mehaigne op uitsluitend biologische manier wordt verbouwd - en de duurzame manier waarop met de bodem wordt omgesprongen. Ook het water is essentieel. In het geval van Belgian Owl wordt dat water geput uit een ondergronds reservoir op 38 meter diepte onder een kalklaag van 20 meter waar regenwater al eeuwenlang doorheen sijpelt. Dit uitzonderlijk zuiver water geeft de whisky zijn florale en zachte minerale toetsen.

Belgian Owl trok al vrij snel de aandacht van whiskyspecialisten en werd zowel in 2011 als in 2015 verkozen tot European Single Cask Whisky of the Year, met een quotering van 95,5% in de Whisky Bible van Jim Murray. Het was het begin van een hele reeks erkenningen. Met de oprichting in 2021 van Dex Owl, samen met twee nieuwe investeerders, toont The Owl Distillery zijn ambities voor de toekomst. De capaciteit wordt opgedreven naar 500.000 flessen per jaar om aan de stijgende vraag vanuit de exportlanden te kunnen voldoen.

The Owl Distillery à Fexhe-le-Haut-Clocher est unique en Belgique car elle ne produit que du whisky. Le père spirituel de The Owl Distillery est Etienne Bouillon.

Né dans une famille de négociants en vins et spiritueux, il n'est pas surprenant que celui-ci ait été fasciné par le brassage et la distillation dès son plus jeune âge. Dans sa recherche inlassable d'une eau de vie qui reflète le mieux l'identité de la campagne hesbayenne, il a tout distillé : des bières spéciales à la liqueur de poire et enfin au single malt. Il a fait ses premiers pas commerciaux avec sa propre distillerie, Lambicool.

Sa détermination l'amène à s'associer avec l'agriculteur Pierre Roberti et l'investisseur Christian Polis.
Le 29 octobre 2004, le premier fût de chêne de 200 litres a été rempli. Toutes les bouteilles ont été vendues à des particuliers par le biais de préventes en ligne. En novembre 2007, les personnes qui s'étaient préenregistrées ont reçu leur bouteille tant convoitée de 'Belgian Owl'. Le succès initial a conduit la distillerie Lambicool à changer son nom en The Owl Distillery en septembre 2007.

Bouillon a reçu une partie de sa formation auprès de Jim McEwan, le distillateur renommé de Bruichladdich. C'est ce même Jim McEwan qui a informé Etienne Bouillon de la vente des alambics de la presque mythique distillerie écossaise Caperdonich de 1898. Jusqu'en 2013, Etienne Bouillon travaillait avec un alambic suisse des années 1880, mais la capacité de 500 litres était trop limitée pour approvisionner le marché et rendre l'activité réellement rentable. Grâce aux alambics écossais, la production a pu être portée à 80 000 bouteilles par an à partir de 2016, permettant ainsi d'approvisionner en continu non seulement le marché belge, mais aussi l'exportation de Belgian Owl.

Belgian Owl est décrit à juste titre comme un whisky de terroir. Son profil de goût est déterminé avant tout par l'orge – la variété spécifique Sebastian cultivée exclusivement en bio dans le triangle formé par les rivières Meuse, Geer et Mehaigne – et par le traitement durable du sol. L'eau est également essentielle. Dans le cas de Belgian Owl, elle est puisée dans un réservoir souterrain situé à 38 mètres sous une couche de calcaire de 20 mètres de profondeur, à travers laquelle l'eau de pluie s'écoule depuis des siècles. Cette eau exceptionnellement pure donne au whisky ses douces notes florales et minérales.

Belgian Owl a rapidement attiré l'attention des experts en whisky et a été élu European Single Cask Whisky of the Year en 2011 et 2015, obtenant une note de 95,5 % dans la Whisky Bible de Jim Murray. Ce fut le début de toute une série de récompenses.

Avec la création en 2021 de Dex Owl, en partenariat avec deux nouveaux investisseurs, The Owl Distillery affiche ses ambitions pour l'avenir. La capacité sera portée à 500.000 bouteilles par an pour répondre à la demande croissante à l'étranger.

Belgian Owl Origine

46

0 years / *jaar* / années

50 cl

Yes / *Ja* / Oui

The Owl Distillery

Two-row barley (Sebastian)
Tweerijige gerst (Sebastian)
Orge à deux rangs (Sebastien)

Ex-Caperdonich 1898

Instant bottling
Directe botteling
Directement embouteillé

No / *Neen* / Non

No / *Neen* / Non

Non-chill filtered
Non-chill gefilterd
Non-filtré à froid

On site
Ter plaatse
Sur place

Belgian Owl Identité

46

3 years / *jaar* / années

50 cl

Yes / *Ja* / Oui

The Owl Distillery

Two-row barley (Sebastian)
Tweerijige gerst (Sebastian)
Orge à deux rangs (Sebastien)

Ex-Caperdonich 1898

First fill bourbon
First fill bourbon
Fûts de bourbon de premier remplissage

No / *Neen* / Non

No / *Neen* / Non

Non-chill filtered
Non-chill gefilterd
Non-filtré à froid

On site
Ter plaatse
Sur place

Belgian Owl Intense

70

3-5 years / *jaar* / années

50 cl

Yes / *Ja* / Oui

The Owl Distillery

Two-row barley (Sebastian)
Tweerijige gerst (Sebastian)
Orge à deux rangs (Sebastien)

Ex-Caperdonich 1898

First fill bourbon
First fill bourbon
Fûts de bourbon de premier remplissage

No / *Neen* / Non

No / *Neen* / Non

Non-chill filtered
Non-chill gefilterd
Non-filtré à froid

On site
Ter plaatse
Sur place

Belgian Owl Passion

46

3-5 years / *jaar* / années

50 cl

Yes / *Ja* / Oui

The Owl Distillery

Two-row barley (Sebastian)
Tweerijige gerst (Sebastian)
Orge à deux rangs (Sebastien)

Ex-Caperdonich 1898

First fill bourbon
First fill bourbon
Fûts de bourbon de premier remplissage

No / *Neen* / Non

No / *Neen* / Non

Non-chill filtered
Non-chill gefilterd
Non-filtré à froid

On site
Ter plaatse
Sur place

Belgian Owl Evolution

46

4 years / *jaar* / années

50 cl

Yes / *Ja* / Oui

The Owl Distillery

Two-row barley (Sebastian)
Tweerijige gerst (Sebastian)
Orge à deux rangs (Sebastien)

Ex-Caperdonich 1898

First fill bourbon
First fill bourbon
Fûts de bourbon de premier remplissage

No / *Neen* / Non

No / *Neen* / Non

Non-chill filtered
Non-chill gefilterd
Non-filtré à froid

On site
Ter plaatse
Sur place

The Belgian Owl
(3Y - 46% - Bourbon Cask)

The Belgian Owl
(3Y - 46% -
first fill Bourbon Cask)

The Belgian Owl
(53M - 74,1% -
first fill Bourbon Cask)

The Belgian Owl
Ex-Glendronach Single Cask
(3Y - 46% - Ex-Pedro Ximénez Sherry cask)

The Belgian Owl
Glen Els Firkin Sherry Cask Finish
(43M - 46% - Bourbon Cask & Sherry Cask finish)

The Belgian Owl Vintage N°01

(12Y - 46% -
first fill Bourbon Cask -
Single Cask: 411 bottles)

The Belgian Owl Vintage N°03

(11Y - 45,5% -
first fill Bourbon Cask -
Single Cask: 413 bottles))

The Belgian Owl Vintage N°06

(12Y - 46% -
first fill Bourbon Cask -
Single Cask: 118 bottles)

The Belgian Owl Vintage N°02

(12Y - 77,2% - first fill Bourbon Cask -
Single Cask: 197 bottles)

The Belgian Owl Vintage N°04

(12Y - 78,7% - first fill Bourbon Cask -
Single Cask: 128 bottles)

The Belgian Owl
'By Jove' Collection - Edition N°01
(4Y - 46% - first fill Bourbon Cask)

The Belgian Owl
'By Jove' Collection - Edition N°02
(4Y - 46% - first fill Bourbon Cask)

The Belgian Owl
'By Jove' Collection - Edition N°03
(4Y - 46% - first fill Bourbon Cask)

The Belgian Owl
'By Jove' Collection - Edition N°04
(4Y - 46% - first fill Bourbon Cask)

Eternity 2016 - Special Edition
The Private Angels Limited Edition
(3Y - 46% - first fill Bourbon Cask)

Eternity 2016 - Special Edition
The Private Angels Limited Edition
(5Y - 46% - first fill Bourbon Cask)

Eternity 2016 - Special Edition
The Private Angels Limited Edition
(3Y - 70,30% - first fill Bourbon Cask)

PIRLOT

STOKERIJ PIRLOT

The story of Kempisch Vuur started in the mid 1980s in the kitchen of home brewer Guy Pirlot, a native of Pulderbos (in the Antwerp Campine). Family, friends and fans of his beer persuaded Pirlot to start a small commercial hobby brewery in 1998.

In order to increase capacity, brewing first took place at the Paeleman Brewery in Wetteren, before moving the entire production to the Proefbrouwerij in Lochristi in 2001. The next logical and practical step was to set up a fully-fledged private brewery. In 2007, the perfect location was found: an old farmhouse in the Heistraat in Zandhoven. But it didn't stop at just brewing beer, soon the range was expanded with distilled alcohols such as beer jenever, some herbal liqueurs and whisky.

Kempisch Vuur is a peated whisky, a first for Belgium, made from peated barley 32/55 PPM from the Malterie du Chateaux. In 2013, Guy was able to purchase fifty Laphroaig barrels to mature his whisky. Three years and one day later, the first bottles of Kempisch Vuur were filled. Only 300 bottles of that first cask were available, they bear the designation L1. The subtle peat flavour that is released through the use of kilned malt and the maturation in Laphroaig barrels proved to be a hit and Guy Pirlot almost immediately received nothing but rave reviews. For the stylish bottle, Guy Pirlot enlisted the help of a Spanish designer who specialises in designing perfume bottles.

For the distilling process, Kempisch Vuur uses a German-made still with a capacity of 250 litres. The still is equipped with an ingenious copper 'spiral staircase' system that ensures that only the finest spirit is collected as 'new spirit'. This system also ensures that the spirit can be fired in one go at 79-80 degrees. The whole low wine process is thus omitted. All residue of the distilling process is disposed of as waste and is not reused. After production, the new spirit is placed in new oak barrels for two years, after which it is left to mature in Laphroaig barrels. Until recently, Kempisch Vuur was bottled after three years and one day, but the maturation time was recently increased to five years. One exception was made with cask L4, which was aged for eight years and then bottled as limited Distillers 65th Birthday Edition in 2021, on the occasion of Guy Pirlot's 65th birthday.

Heistraat 3, 2240 Zandhoven

brouwerijpirlot.be

Het verhaal van Kempisch Vuur startte halfweg de jaren 1980 in de keuken van Pulderbossenaar Guy Pirlot. Het bier van de thuisbrouwer werd zozeer gesmaakt door familie en vrienden dat Pirlot zich zonder al te veel moeite liet overtuigen om in 1998 met een commerciële hobbybrouwerij te beginnen.

Om de capaciteit te verhogen werd eerst gebrouwen bij Brouwerij Paeleman in Wetteren om vervolgens in 2001 de volledige productie naar de Proefbrouwerij in Lochristi te verhuizen. De volgende logische en praktische stap was een eigen volwaardige brouwerij. In 2007 werd hiervoor de perfecte locatie gevonden: een oude boerderij in de Heistraat in Zandhoven. Het bleef echter niet bij het brouwen van bier alleen, dankzij stokerij Pirlot kon het gamma in 2012 uitgebreid worden met bierjenever, enkele kruidenlikeuren en whisky.

Kempisch Vuur is een geturfde whisky, een primeur voor België, gemaakt van geturfde gerst 32/55 PPM uit de Malterie du Château. In 2013 kon Guy vijftig Laphroaigvaten aankopen waarin hij zijn whisky kon laten rijpen. Drie jaar en één dag later werden de eerste flessen Kempisch Vuur afgevuld. Van dat eerste vat zijn slechts 300 flessen beschikbaar, ze dragen de vermelding L1. De subtiele turfsmaak die vrijkomt door het gebruik van geturfde mout en de rijping in de Laphroaigvaten bleek een schot in de roos en leverde Guy Pirlot vrijwel onmiddellijk alleen maar lovende recensies op. Voor de stijlvolle fles nam Guy Pirlot een Spaanse designer, gespecialiseerd in het ontwerpen van parfumflessen, onder de arm.

Voor het stookproces maakt Kempisch Vuur gebruik van een distilleerketel van Duitse makelij met een capaciteit van 250 liter. De ketel is voorzien van een ingenieus koperen 'wenteltrapsysteem' dat ervoor zorgt dat enkel de fijnste spirit de tocht naar de opvang van de new spirit *overleeft. Dit systeem zorgt er ook voor dat de spirit in één keer afgestookt kan worden op 79-80 graden. Het hele* low wine *proces blijft hier dus achterwege. Alle voor- en naloop wordt als afvalstof afgevoerd en niet hergebruikt. Na het stookproces gaat de new spirit voor twee jaar op nieuwe eiken vaten en daarna gebeurt de rijping op Laphroaigvaten. Kempisch Vuur werd tot voor kort na drie jaar en één dag op fles getrokken, maar de rijpingstijd werd onlangs opgetrokken naar vijf jaar. Daarop werd één uitzondering gemaakt met vat L4, dat na exact 8 jaar rijpen in 2021 de gelimiteerde Distillers 65th Birthday Edition werd, naar aanleiding van de 65ste verjaardag van Guy Pirlot.*

L'histoire de Kempisch Vuur a commencé au milieu des années 1980 dans la cuisine de Guy Pirlot, originaire de Pulderbos. La bière du brasseur amateur était tellement appréciée par la famille et les amis, que Pirlot a été facilement persuadé de lancer une brasserie commerciale en 1998.

Afin d'augmenter la capacité, le brassage a d'abord eu lieu à la brasserie Paeleman de Wetteren avant de transférer l'ensemble de la production à la Proefbrouwerij de Lochristi en 2001. La prochaine étape logique et pratique était de créer sa propre brasserie à part entière. En 2007, l'endroit idéal a été trouvé : une ancienne ferme dans la Heistraat à Zandhoven. Mais Guy Pirlot ne s'est pas arrêté au brassage de la bière : grâce à la distillerie Pirlot, la gamme s'est étendue en 2012 au gin, à certaines liqueurs aux herbes et au whisky.

Kempisch Vuur est un whisky tourbé – une véritable première pour la Belgique – élaboré à partir d'orge tourbé 32/55 PPM de la Malterie du Château. En 2013, Guy a pu acheter cinquante fûts de Laphroaig dans lesquels il a fait mûrir son whisky. Trois ans et un jour plus tard, les premières bouteilles de Kempisch Vuur étaient remplies. Seules 300 bouteilles de ce premier tonneau sont disponibles ; elles portent l'appellation L1. L'arôme subtil de tourbe qui se dégage grâce à l'utilisation de malt tourbé et à la maturation en fûts de Laphroaig s'est avéré être un succès. Les critiques étaient presque toutes élogieuses. Pour la bouteille élégante, Guy Pirlot a fait appel à un designer espagnol spécialisé dans la conception de flacons de parfum.

Pour le processus de distillation, Kempisch Vuur utilise une distillerie de fabrication allemande d'une capacité de 250 litres. La chaudière est équipée d'un ingénieux système d'escalier en spirale en cuivre qui fait que seul le meilleur *spirit* survit au voyage jusqu'à la collecte du *new spirit*. Ce système garantit également que le spiritueux peut être tiré en une seule fois à 79-80 degrés. L'ensemble du processus de la première distillation est ainsi omis. La tête et la queue sont éliminées et ne sont pas réutilisées. Après la distillation, le *new spirit* est mis dans des fûts de chêne neufs pendant deux ans, puis il est laissé à maturation dans des fûts de Laphroaï. Au début le Kempisch Vuur était mis en bouteille après trois ans et un jour, mais la période de maturation a récemment été portée à cinq ans. Une exception a été faite avec le fût L4, qui après huit ans de maturation est devenu l'édition limitée Distillers 65th Birthday Edition en 2021, à l'occasion du 65e anniversaire de Guy Pirlot.

Kempisch Vuur Single Malt

46

3 years

50 cl

Yes / *Ja* / Oui

Stokerij Pirlot

Barley
Gerst
Orge

Müller Aromat

Oak STR
Eik STR
Chêne STR

Laphroaig
Laphroaig
Laphroaig

Mild turf 32 - 35 PPM

Non-chill filtered
Non-chill gefilterd
Non-filtré à froid

On site, by hand
Ter plaatse, met de hand
Sur place, à la main

Kempisch Vuur Single Cask

46

5 years / *jaar* / années

50 cl

Yes / *Ja* / Oui (1200 bottles)

Stokerij Pirlot

Barley
Gerst
Orge

Müller Aromat

Oak STR
Eik STR
Chêne STR

Laphroaig
Laphroaig
Laphroaig

Mild turf 32 - 35 PPM

Non-chill filtered
Non-chill gefilterd
Non-filtré à froid

On site, by hand
Ter plaatse, met de hand
Sur place, à la main

Kempisch Vuur Single Cask
Limited Distillers 65th Birthday Edition

46

8 years / *jaar* / années

50 cl

Yes / *Ja* / Oui (special edition of 100 bottles)

Stokerij Pirlot

Barley
Gerst
Orge

Müller Aromat

Oak STR
Eik STR
Chêne STR

Laphroaig
Laphroaig
Laphroaig

Mild turf 32 - 35 PPM

Non-chill filtered
Non-chill gefilterd
Non-filtré à froid

On site, by hand
Ter plaatse, met de hand
Sur place, à la main

LAMBERTUS
BELGIAN SINGLE
GRAIN WHISKY
AGED
10 YEARS
DISTILLED, MATURED &
BOTTLED IN BELGIUM
40% VOL
70 CL

RADERMACHER DISTILLERY

In 1836, Peter Radermacher decided to expand his farm in the village of Raeren (East Cantons) with a distillery in order to distil jenever from his own wheat and juniper berries. His son Leonard followed in his footsteps and took over the distillery. During the First World War the Germans confiscated the copper installation. But in contrast to many other distilleries, Radermacher continued to operate after the war.

After his death, Leonard's four sons continued the distillery. In addition to jenever, they also distilled other liqueurs and bottled purchased wines. The Second World War forced another closure, but again a temporary one. In 1948, an official distilling license was obtained. From then on, the Radermacher's agricultural activities were completely discontinued in order to focus entirely on the distillery. In 1988 Bernard Zacharias, grandson of Lambert Radermacher, the last of the four brothers, took over the reins. Witnessing the creation of the family recipes as a young man, he too was bitten by the distilling bug. He would make it his life's work - even though the distillery was going through a rough period at the time. In 1990, he set out on his own course and with success. Under his inspired leadership, the distillery grew and the range of beverages expanded. With him, the whisky story of Radermacher began. The distillery was bursting at the seams and for some aspects had to move to other locations. However, it remains Bernard's dream to bring fermentation, maceration and distillation back together on the family estate - something that will come true in Spring 2022.

Although Bernard loves whisky, it is certainly not Radermacher's core business. It was never Bernard's ambition to make a whisky in the Scottish manner or with a Scottish flavour pattern, but rather to distil a grain whisky with a distinctly Belgian identity: a distinctive character, rich in flavour and with notes that you are less likely to find in a Scottish whisky.

Under the name Lambertus, two single grain whiskies are produced, matured in new Limousin casks, and one single malt, aged in barrels of American white oak in which tequila has previously matured. This gives these whisky a unique flavour. The Lambertus Smooth, a liqueur made on the basis of the single malt is also much appreciated. The popular budget-friendly Green Douglas, a five-year-old single grain whisky, produced by Radermacher is sold exclusively through supermarket chains.

In 1836 besloot Peter Radermacher om zijn hoeve in Raeren (in de Oostkantons) uit te breiden met een stokerij, om zo van zijn eigen tarwe en jeneverbessen jenever te stoken. Zoon Leonard nam de stokerij over, maar tijdens de Eerste Wereldoorlog werd de koperen installatie door de Duitsers in beslag genomen. In tegenstelling tot vele andere stokerijen, kende de stokerij wel een doorstart na de oorlog.

Na zijn dood namen de vier zonen van Leonard de stokerij over. Ze stookten naast jenever ook andere likeuren en aangekochte wijnen werden er gebotteld. De Tweede Wereldoorlog zorgde opnieuw voor een sluiting, maar ook die was tijdelijk. In 1948 werd een officiële stookvergunning verkregen. Vanaf dan werd de landbouwactiviteit van de Radermachers volledig stopgezet om zich helemaal te focussen op de distilleerderij.
In 1988 nam Bernard Zacharias, kleinzoon van Lambert Radermacher, de laatste van de vier broers, de touwtjes in handen. Toen hij als jongeman getuige was van het ontstaan van de familierecepten, werd ook hij gebeten door de stookmicrobe. Hij zou er zijn levenswerk van maken – ook al ging de stokerij op dat moment door een moeilijke periode. In 1990 gaat hij zijn eigen koers varen en met succes. Onder zijn bezielde leiding krijgt de stokerij vleugels en het gamma dranken wordt uitgebreid. Met hem begint ook het whiskyverhaal van de Radermachers. De stokerij barst uit zijn voegen en voor sommige aspecten moet uitgeweken worden naar andere locaties. Het blijft echter de droom van Bernard om het fermenteren, macereren en stoken opnieuw op het familiedomein samen te brengen – iets wat waarschijnlijk zal gerealiseerd worden in het voorjaar van 2022. Hoewel Bernard houdt van whisky is het zeker niet de core business van Radermacher. Het was zeker nooit Bernards streven om een whisky te maken op de Schotse manier of met een Schots smaakpatroon, maar wel om een graanwhisky te stoken met een uitgesproken Belgische identiteit: een eigenzinnig karakter, rijk van smaak en met toetsen die je minder snel in een Schotse whisky zal terugvinden.

Onder de naam Lambertus, worden twee single grain whisky's geproduceerd, gerijpt op nieuwe Limousinvaten, en één single malt die rijpt op vaten van Amerikaanse witte eik waarin voorheen tequila heeft gerijpt. Dat maakt de smaak uniek. Ook de Lambertus Smooth, een likeur gemaakt op basis van de single malt, is een buitenbeentje dat erg gesmaakt wordt. Daarnaast wordt ook de populaire Green Douglas geproduceerd, een single grain whisky van vijf jaar oud die uitsluitend verkocht wordt via supermarktketens.

Spitalstraße 50, 4730 Raeren

distillerie.biz

En 1836, Peter Radermacher décide d'agrandir sa ferme située dans le village de Raeren (en communauté germanophone) avec une distillerie, afin de faire du gin à partir de son propre blé et de ses baies de genièvre. Son fils Leonard reprend la distillerie, mais pendant la première guerre mondiale, toute l'installation en cuivre est confisquée par les Allemands. Contrairement à de nombreuses autres distilleries, celle de Radermacher a continué à fonctionner après la guerre.

Après sa mort, les quatre fils de Leonard ont repris l'entreprise. Outre le genièvre, on y distillait d'autres liqueurs et on y mettait en bouteille des vins achetés. La Seconde Guerre mondiale a entraîné une autre fermeture, mais elle a également été temporaire. En 1948, une licence officielle de distillation est obtenue. Dès lors, les activités agricoles des Radermacher ont été complètement abandonnées pour se consacrer entièrement à la distillerie. En 1988, Bernard Zacharias, petit-fils de Lambert Radermacher, le dernier des quatre frères, a repris les rênes. Témoin de la création des recettes familiales dans sa jeunesse, il a, lui aussi, été piqué par le virus de la distillation. Il en fera l'œuvre de sa vie, même si la distillerie traverse à l'époque une période difficile. En 1990, il s'est lancé dans sa propre aventure et avec succès. Sous sa direction inspirée, la distillerie s'est développée et la gamme de boissons s'est élargie. C'est avec lui que commence l'histoire du whisky des Radermacher. L'entreprise se voit vite confrontée à un manque d'espace et certaines activités doivent être déplacées vers d'autres sites. Cependant, le rêve de Bernard reste de réunir à nouveau la fermentation, la macération et la distillation sur le domaine familial – ce qui sera chose faite au printemps 2022.
Bien que Bernard aime le whisky, ce n'est certainement pas le core business de Radermacher. Il n'a jamais eu l'ambition de produire un whisky à la manière écossaise ou avec un modèle de goût écossais, mais plutôt de distiller un whisky de grain avec une identité belge distincte : un caractère distinctif, riche et avec des saveurs que vous avez moins de chance de trouver dans un whisky écossais.

Sous le nom de Lambertus sont produits deux whiskys single grain, élevés dans des fûts neufs du Limousin, et un single malt élevé dans des fûts de chêne blanc américain dans lesquels la tequila a préalablement mûri. Cela rend la saveur unique. Le Lambertus Smooth, une liqueur élaborée à partir du single malt, est également une curiosité très appréciée. Le populaire Green Douglas, un whisky à grain unique de cinq ans d'âge vendu exclusivement dans les chaînes de supermarchés, est également produit.

Lambertus Single Grain Single Cask

48,4

4 years / *jaar* / années

70 cl

Yes / *Ja* / Oui

Radermacher Distillery

Rye malt
Rogge mout
Seigle malt

Pot still with rectification column

Oak
Eik
Chêne

No / *Neen* / Non

No / *Neen* / Non

Pleated filter
Platenfilter
Filtre à plaques

On site
Ter plaatse
Sur place

Lambertus Single Malt

46

3-4 years / *jaar* / années

70 cl

Yes / *Ja* / Oui

Radermacher Distillery

Rye malt
Rogge mout
Seigle malt

Pot still with rectification column

American oak (Quercus alba) Tequila
Amerikaanse eik (Quercus alba) Tequila
Chêne américain (Quercus alba) Tequila

No / *Neen* / Non

No / *Neen* / Non

Pleated filter
Platenfilter
Filtre à plaques

On site
Ter plaatse
Sur place

Lambertus Single Grain Aged 10 Years

40

10 years / *jaar* / années

70 cl

Yes / *Ja* / Oui

Radermacher Distillery

Rye malt
Rogge mout
Seigle malt

Pot still with rectification column

Oak
Eik
Chêne

No / *Neen* / Non

No / *Neen* / Non

Pleated filter
Platenfilter
Filtre à plaques

On site
Ter plaatse
Sur place

SAS DISTILLERIES

Sas Distilleries is a small family owned distillery founded in 2014 by Prof. Benedikt Sas and MSc. Katia De Henau. Master distiller Benedikt, in addition to a PhD in organic chemistry, has an extensive knowledge of flavour and nutrients and is immersed in the study of alchemical works.

At Ghent University, he teaches business strategy and innovation management to future bio-engineers. Katia has a master's degree in chemistry and several specialisations in quality, safety and environmental management in the food industry. The logo of Sas Distilleries is the coat of arms of the Sas family. The history of this family goes back to 1393, within the Duchy of Brabant. After obtaining his doctorate in organic chemistry, Benedikt Sas started working in the nutriceutical sector, where he could further specialise in the chemistry of flavor(ing)s. During this period, he also began to study the medicinal effects of plants and herbs. He discovered a number of very interesting herbs, which were used as unctuous potions, elixirs and tinctures. Katia worked for several years as a manager in the QESH department of a major malt house. She too has a passion for traditional alchemical preparations of plants. Both decided to use this knowledge to set up a distillery. The distillery was designed based on old Belgian patents and traditional distillation techniques, combined with modern technology. The copper still has a capacity of 200 liter.
At all stages of the distillation process, attention is paid to quality: careful selection of raw materials that are sourced locally if possible, controlled fermentation and very slow, controlled distillation, allowing the head and the tail of the product to be separated as finely as possible from the heart of the distillate, resulting in a very pure and soft distillate.
Ignis Templi is a delicate golden whisky with notes of malt, vanilla and a long buttery aftertaste. The basis for this whisky is pilsner malt, which is fermented into malt wine. The wine is then distilled. The distillate is finally matured for more than three years in medium toasted French oak barrels. It is a Lowland Single Malt, Single Cask, Virgin Oak whisky that is available in limited quantity; only 2 casks of around 110 litres are produced annually (approximately 400 bottles; 50 cl, 44% vol).
The name Ignis Templi is based on the location where the whisky has matured: a Celtic cult site called 'De Brandakker' (c. 500 BC) where the dead were burned during a worship rite. The label of the bottle depicts a Celtic warrior – surrounded by the alchemical symbols for fire, earth and spirit – and the Celtic cross – symbolising the four cardinal directions according to which the cult place was oriented.

Kwakkelstraat 71, 9190 Stekene

sasdistilleries.com

Sas Distilleries is een familiestokerij opgericht in 2014 door prof. dr. Benedikt Sas en MSc. Katia De Henau. Meester-stoker Benedikt heeft naast een doctoraat in organische scheikunde ook een uitgebreide kennis van smaak- en voedingstoffen en verdiept zich in de studie van alchemische werken.

Aan de Universiteit Gent geeft hij les over bedrijfsstrategie en innovatie management aan de toekomstige bio-ingenieurs. Katia heeft een masterdiploma scheikunde en verschillende specialisaties in kwaliteits-, veiligheids- en milieumanagement in de voedingsindustrie.
Het logo van Sas Distilleries is het wapenschild van de familie Sas. De geschiedenis van deze familie gaat terug tot 1393, binnen het Hertogdom Brabant. Na het behalen van zijn doctoraat, startte Benedikt Sas in de neutriceutica sector, waar hij zich verder kon specialiseren in de scheikunde van smaakstoffen. Hij verdiepte zich ook in de geneeskrachtige werking van planten en kruiden en kwam daarbij een aantal zeer interessante kruiden op het spoor, die werden gebruikt als zalvende drankjes, elixirs en tincturen.
Katia heeft meerdere jaren als verantwoordelijke in de QESH afdeling van een belangrijke mouterij gewerkt. Ook zij heeft een passie voor traditionele alchemische bereidingen van planten. Beiden besloten om met al deze kennis een stokerij op te richten. Een stookketel werd ontworpen op basis van oude Belgische patenten en traditionele distillatietechnieken, gecombineerd met moderne technologie. De ketel heeft een capaciteit van 200 l.
In alle fases van het stookproces primeert kwaliteit: nauwkeurige selectie van grondstoffen, zo mogelijk lokaal aangekocht, gecontroleerde vergisting, zeer trage, gecontroleerde distillatie, waardoor de kop en de staart van het product zo fijn mogelijk afgescheiden kunnen worden van het hart van het distillaat, met als resultaat een zeer zuiver en zacht distillaat.
Ignis Templi is een delicate gouden whisky met toetsen van mout, vanille en een lange nasmaak van boter. De basis voor deze whisky is pilsmout die men laat fermenteren tot moutwijn. Vervolgens wordt deze wijn gedistilleerd. Het distillaat wordt ten slotte meer dan drie jaar gerijpt op medium toasted Franse eiken vaten. Het is een Lowland Single Malt, Single Cask, Virgin Oak whisky die in beperkte hoeveelheid beschikbaar is; jaarlijks worden slechts 2 vaten van ongeveer 110 liter geproduceerd (ongeveer 400 flessen; 50 cl, 44% vol).
De naam Ignis Templi is gebaseerd op de locatie waar de whisky gerijpt heeft: een Keltische cultplaats genaamd 'De Brandakker'(c. 500 vChr.) waar de doden tijdens een vereringsrite werden verbrand. Het etiket toont een Keltische strijder, met errond de alchemistische symbolen voor vuur, aarde en spirit. Ook het Keltische kruis staat erbij, het symboliseert de vier windrichtingen volgens de welke de cultplaats was georiënteerd.

Sas Distilleries est une distillerie familiale fondée en 2014 par le professeur Benedikt Sas et MSc. Katia De Henau. En plus d'un doctorat en chimie organique, le maître distillateur Benedikt possède également une connaissance approfondie des arômes et des nutriments et se spécialise dans l'étude des ouvrages alchimiques.

À l'université de Gand, il enseigne la stratégie commerciale et la gestion de l'innovation aux futurs bio-ingénieurs. Katia est titulaire d'une maîtrise en chimie et de plusieurs spécialisations en gestion de la qualité, de la sécurité et de l'environnement dans l'industrie alimentaire. Elle se plonge également dans l'étude des ouvrages alchimiques et des herbes.
Le logo de Sas Distilleries est le blason de la famille Sas. L'histoire de cette famille remonte à 1393, au sein du duché de Brabant.

Après avoir obtenu son doctorat en chimie organique, Benedikt Sas a commencé à travailler dans le secteur des nutraceutiques, où il a pu se spécialiser davantage dans la chimie des arômes. Pendant cette période, il a également commencé à étudier les effets médicinaux des plantes et des herbes. Il a découvert un certain nombre d'herbes très intéressantes, qui étaient utilisées comme potions, élixirs et teintures. Les effets positifs de certains fruits de consommation courante ont également été décrits.
Après avoir obtenu sa maîtrise en chimie, Katia a travaillé pendant plusieurs années en tant que responsable du département QESH d'une grande malterie. Elle aussi se passionne pour les préparations alchimiques traditionnelles de plantes.
Tous deux ont décidé d'utiliser toutes ces connaissances pour créer une distillerie. Une chaudière a été conçue sur la base d'anciens brevets belges et de techniques de distillation traditionnelles, associés à une technologie moderne. Celle-ci a une capacité de 200 l. On obtient un maximum de 120 à 200 bouteilles par lot.

À toutes les étapes du processus de distillation, l'attention est portée sur la qualité : sélection et contrôle minutieux des matières premières, si possible d'origine locale, fermentation contrôlée, distillation très lente et contrôlée, permettant de séparer la tête et la queue du produit du cœur du distillat aussi finement que possible, ce qui donne un distillat très pur et doux. Le remplissage et l'étiquetage des bouteilles sont effectués manuellement, ce qui permet une inspection approfondie de chaque bouteille.

Ignis Templi est un whisky doré délicat avec des notes de malt, de vanille et un long arrière-goût de beurre. La base de ce whisky est le malt pilsner qui est fermenté en vin de malt. Ce vin est ensuite distillé. Le distillat est finalement élevé pendant plus de trois ans dans des fûts de chêne français medium toasted.

Il s'agit d'un whisky Lowland Single Malt, Single Cask, Virgin Oak qui est disponible en quantité limitée ; seuls deux fûts d'environ 110 litres sont produits annuellement (environ 400 bouteilles ; e50 cl, 44% vol).
Le nom Ignis Templi est basé sur l'endroit où le whisky a mûri : un site de culte celtique appelé 'De Brandakker' (vers 500 avant J.-C.) où les morts étaient brûlés pendant un rite de culte.
L'étiquette représente un guerrier celte, entouré des symboles alchimiques du feu, de la terre et de l'esprit. On y trouve également la croix celtique, qui symbolise les quatre directions cardinales selon lesquelles le lieu de culte était orienté.

IGNIS TEMPLI

44

3 years / *jaar* / années

50 cl

Yes / *Ja* / Oui (limited quantity, approx. 400 bottles/year)

Sas distillerie

Barley
Gerst
Orge

Own design

French oak, medium toasted
Franse eik, medium toasted
Chêne français, medium toasted

No / *Neen* / Non

No / *Neen* / Non

Cartridge filter or pleated filter
Kaarsfilter of platenfilter
Filtre à cartouches ou à plaques

On site, by hand
Ter plaatse, met de hand
Sur place, à la main

WATERLOO
MONT-SAINT-JEAN
WHISKY

LA FERME DE MONT-SAINT-JEAN

At the foot of the famous Lion's Mound, where Napoleon lost his battle, the Ferme de Mont-Saint-Jean honours age-old traditions. Craft beers have been brewed in this former British field hospital for over 500 years, and for the last few years John Martin's Brewery (the Anthony Martin Group) has been producing top-quality whisky and gin.

It is suspected that the imposing farmhouse also used to house a distillery. After all, a distillery could easily process old beer. Curiously, the horrific battle of 1815 also had a positive effect: the English soldiers left behind barrels of whisky and gin on the farm, which encouraged the farmers in the region to distil new types of spirits in addition to their jenever or Peket.

Beer is the basic ingredient of Waterloo whisky. Unlike in the past when old beer was used, today the beer, Waterloo Récolte, is brewed specifically for distillation. Waterloo Récolte is a seasonal beer brewed with wheat partly grown in the fields around the farm and with Dingemans barley malt. No hops are used, as they have no influence on the taste of spirits. The water comes from the local well and the yeast from the Waterloo brewery.

The brand new micro-distillery made in Germany allows for two different distillation processes: pot still and column still. Traditionally, pot still distillation is used to produce classic whisky and column still distillation for gin, but in Waterloo it has been demonstrated that whisky can also be made without pot still distillation. By working with top-quality raw materials and keeping fermentation under control, they have succeeded in producing an exceptional distillate using only column still distillation. This new make is characterised by notes of pears and grain.

The whisky is immediately transferred to oak casks, some of which are sourced in Scotland. All whiskies at the Ferme de Mont-Saint-Jean – The Brancardier, The Nurse and The Surgeon – have matured for three years and one day in the historic cellars of the Knights of Malta.

When Master Distiller Edward Martin, the youngest son of Anthony who gained his knowledge from Edinburgh's Heriot-Watt University, launched his project in 2017, he knew the road to a first whisky would be long and difficult. But thanks to a crowdfunding campaign that received a very enthusiastic response, Waterloo Mont-Saint-Jean Whisky has been a reality since the end of 2020. Expanding the range is one of the dreams and ambitions for the future.

Chausée de Charleroi 591, 1410 Waterloo

---

fermedemontsaintjean.be

Aan de voet van de beroemde Leeuw van Waterloo, waar Napoleon het onderspit moest delven, houdt de Ferme de Mont-Saint-Jean eeuwenoude tradities in ere. Er worden al meer dan 500 jaar ambachtelijke bieren gebrouwen in dit voormalige Britse veldhospitaal en sinds enkele jaren wordt er door de John Martin's Brewery (de Anthony Martin Group) whisky en gin van topkwaliteit gemaakt.

Vermoed wordt dat er in de imposante hoeve vroeger ook een distilleerderij was ondergebracht. In een distilleerderij kon immers makkelijk oud bier worden verwerkt. De gruwelijke veldslag van 1815 had merkwaardig genoeg ook een positief gevolg: de Engelse soldaten lieten vaten met whisky en gin achter in de hoeve, wat de boeren in de streek ertoe aangezet heeft om naast hun jenever of Peket nieuwe soorten sterkedrank te distilleren.

Bier is het basisingrediënt van de Waterloo whisky. In tegenstelling tot vroeger toen men oud bier gebruikte, wordt er nu bier specifiek voor distillatie gebrouwen, meer bepaald op basis van de Waterloo Récolte, een seizoensbier dat wordt gebrouwen met tarwe dat deels geteeld werd op de velden rond de hoeve en met gerstemout van Dingemans. Er wordt geen hop gebruikt, want hop oefent geen invloed uit op de smaak van sterkedrank. Het water is afkomstig van de plaatselijke waterput en de gist van de brouwerij van Waterloo.

De gloednieuwe microdistilleerderij die in Duitsland werd vervaardigd, laat toe om twee verschillende distillatieprocessen toe te passen: pot still *en* column still. *Traditioneel wordt* pot still*-distillatie gebruikt voor de productie van klassieke whisky en* column still*-distillatie voor gin, maar in Waterloo heeft men aangetoond dat whisky maken ook kan zonder pot still-distillatie. Door met grondstoffen van topkwaliteit te werken en de gisting onder controle te houden, is men erin geslaagd een uitzonderlijk distillaat te produceren met uitsluitend* column still*-distillatie. Deze* new make *wordt gekenmerkt door toetsen van peren en graan.*

De whisky wordt onmiddellijk overgebracht in eiken vaten, waarvan een aantal uit Schotland afkomstig zijn. Alle whisky's van de Ferme de Mont-Saint-Jean – The Brancardier, The Nurse *en* The Surgeon *– hebben drie jaar en een dag gerijpt in de historische kelders van de Ridders van Malta.*

Toen Master Distiller *Edward Martin, de jongste zoon van Anthony die zijn kennis verwierf aan de Heriot-Watt University van Edinburgh, zijn project in 2017 lanceerde, wist hij dat de weg naar een eerste whisky lang en moeilijk zou zijn. Maar dankzij een crowdfunding waarop zeer enthousiast werd gereageerd, is Waterloo Mont-Saint-Jean Whisky sinds eind 2020 een feit. En er wordt nu reeds gedroomd van een uitbreiding van het gamma.*

Au pied du célèbre Lion de Waterloo, où Napoléon a perdu sa bataille, la Ferme de Mont-Saint-Jean perpétue des traditions séculaires. Des bières artisanales ont été brassées dans cet ancien hôpital de campagne britannique depuis plus de 500 ans et, depuis quelques années, la brasserie John Martin (groupe Anthony Martin) produit du whisky et du gin de qualité supérieure.

On pense que l'imposante ferme abritait également une distillerie à l'époque. Après tout, une distillerie pourrait facilement transformer les bières dépassées. Curieusement, l'horrible bataille de 1815 a également eu un effet positif : les soldats anglais ont laissé derrière eux des fûts de whisky et de gin à la ferme, ce qui a encouragé les agriculteurs de la région à distiller de nouveaux types de spiritueux en plus de leur gin ou de leur peket.

La bière est l'ingrédient de base du whisky Waterloo. Contrairement au passé où l'on utilisait de la vieille bière, aujourd'hui la bière est fraîchement brassée pour la distillation, plus précisément avec la Waterloo Récolte, une bière saisonnière brassée avec du blé cultivé en partie dans les champs autour de la ferme et avec du malt d'orge Dingemans. Aucun houblon n'est utilisé, car il n'exerce aucune influence sur le goût des spiritueux. L'eau provient du puits local et la levure de la brasserie de Waterloo.

La toute nouvelle micro-distillerie fabriquée en Allemagne permet deux procédés de distillation différents : le pot still et column still. Traditionnellement, la distillation en pot still (alambic à repasse) est utilisée pour produire du whisky classique et la distillation en colonne pour le gin, mais à Waterloo, il a été démontré que le whisky peut également être fabriqué sans distillation en pot still. En travaillant avec des matières premières de première qualité et en maîtrisant la fermentation, ils ont réussi à produire un distillat exceptionnel en utilisant uniquement la distillation en colonne. Ce *new make* est caractérisé par des notes de poires et de céréales.

Le whisky est immédiatement transféré dans des fûts de chêne, dont certains proviennent d'Écosse. Tous les whiskys de la Ferme de Mont-Saint-Jean – The Brancardier, The Nurse et The Surgeon – ont mûri pendant trois ans et un jour dans les caves historiques des Chevaliers de Malte.

Lorsque le Master Distiller Edward Martin, le fils cadet d'Anthony qui a acquis ses connaissances à l'université Heriot-Watt d'Édimbourg, a lancé son projet en 2017, il savait que la route vers un premier whisky serait longue et difficile. Mais grâce à une campagne de crowdfunding qui a reçu un accueil très enthousiaste, le whisky Waterloo Mont-Saint-Jean est une réalité depuis fin 2020. Et l'on rêve déjà d'élargir la gamme.

Waterloo Mont-Saint-Jean Whisky
The Surgeon

46

3 years / *jaar* / années

50 cl

Yes / *Ja* / Oui (400 bottles)

Waterloo Mont-Saint-Jean

Belgian barley
Belgische gerst
Orge belge

Pot still with small column

Oak (Highland Scotch Whisky)
Eik (Highland Scotch Whisky)
Chêne (Highland Scotch Whisky)

No / *Neen* / Non

No / *Neen* / Non

No / *Neen* / Non

On site
Ter plaatse
Sur place

Waterloo Mont-Saint-Jean Whisky
The Nurse

46

3 years / *jaar* / années

50 cl

Yes / *Ja* / Oui (350 bottles)

Waterloo Mont-Saint-Jean

Belgian barley
Belgische gerst
Orge belge

Pot still with small column

Oak (Highland Scotch Whisky)
Eik (Highland Scotch Whisky)
Chêne (Highland Scotch Whisky)

No / *Neen* / Non

No / *Neen* / Non

No / *Neen* / Non

On site
Ter plaatse
Sur place

Waterloo Mont-Saint-Jean Whisky The Brancardier

46

3 years / *jaar* / années

50 cl

Yes / *Ja* / Oui (600 bottles)

Waterloo Mont-Saint-Jean

Belgian barley
Belgische gerst
Orge belge

Pot still with small column

Oak (Highland Scotch Whisky) + new oak (Quercus alba)
Eik (Highland Scotch Whisky) + nieuwe eik (Quercus alba)
Chêne (Highland Scotch Whisky) + fûts de chêne neuf (Quercus alba)

No / *Neen* / Non

No / *Neen* / Non

No / *Neen* / Non

On site
Ter plaatse
Sur place

WAVE DISTIL

Wave Distil, Thierry Van Renterghem's company, is a maverick on the Belgian whisky market. The company got its start in Gembloux, where all ancillary activities such as maturation and finishing in special barrels, bottling, labelling, marketing... happened while the distilling process took place in the Cognac region for purely business and financial reasons.

Some enthusiasts therefore feel that Wave Distil whiskies cannot be classified as 'Belgian', but this Belgian initiative certainly deserves a place in this book. In the meantime, since the beginning of 2021, Wave Distil has relocated to Sorinnes, a suburb of Dinant. The boilers are now on Belgian soil, which means that this whisky now complies with a completely Belgian identity.

This brings us to the exceptional story of Wave Distil and the whiskies of Thierry Van Renterghem. While recovering from an accident, Thierry got hold of Mendeliev's book 'Theorem of the perfect vodka'. The idea of the perfect vodka, which had been in Thierry's head for some time, reappeared. But it would take 18 more years before Thierry, after a career in art and archaeology, would take the step to start his own company and vodka. Together with his childhood friend, who owned a cognac distillery in France, he developed Cosmik, a vodka that immediately won prizes. A little later, when Thierry had the opportunity to buy well-preserved barrels of port and cognac, he decided to make whiskey in the distillery as well. The barley comes from the fields around the distillery and the malting is also done on site. Maturation takes place in the old vaulted cellars on the distillery's estate under perfect climatic conditions. In 2015, the first barrel of 3-year-old whisky is bottled in Belgium. The result is the atypical single cask whisky August 17th. Each cask differs from the previous one in taste and experience, which makes it possible to discover the whisky again and again. There are now four versions of the whisky: the 3-year, the 5-year (Brutus), the 7-year (Julius) and the 10- year-old (Titus) August 17th. The latter three will receive barrel mentions, allowing fans to go on a collection tour.
August17th is always matured in cognac casks and finished in port casks. August 17th also has a series of Rare Cask Editions. Whiskies that, after their normal maturation process, receive a finish of 1 to 2 years in casks of various origins and exceptional quality. The age of these whiskies ranges from 5 to 8 years.

Grand-Route-de-Ciney 104, 5503 Sorinnes

wavedistil.be

Wave Distil, het bedrijf van Thierry Van Renterghem, is een buitenbeentje op de Belgische whiskymarkt. Het bedrijf kende zijn start in Gembloux, waar alle nevenactiviteiten zoals rijping en finish op speciale vaten, botteling, etikettering, commercialisatie... plaatsvonden terwijl het stookproces om louter zakelijke en financiële redenen in de Cognacstreek gebeurde.

Sommige liefhebbers vinden daarom dat de whisky's van Wave Distil niet kunnen gecatalogeerd worden als 'Belgisch', maar dit Belgische initiatief verdient zeker een plaatsje in dit boek. Ondertussen, sinds het begin van 2021, is Wave Distil gevestigd in Sorinnes, een deelgemeente van Dinant. Ook de stookketels bevinden zich nu op Belgische bodem, waardoor deze whisky nu wel voldoet aan een volledig Belgische identiteit.

Dat brengt ons bij het uitzonderlijke verhaal van Wave Distil en de whisky's van Thierry Van Renterghem. Tijdens de revalidatie van een ongeval, kreeg Thierry het boekje 'Theorema van de perfecte wodka' van Mendeljev in handen. Het idee van de perfecte wodka, dat zich al een tijdje in het hoofd van de 16-jarige Thierry had genesteld, stak opnieuw de kop op. Toch zou het nog 18 jaar duren voor Thierry, na een loopbaan in kunst en archeologie, de stap zou zetten naar een eigen bedrijf en een eigen wodka. Samen met zijn jeugdvriend, die een eigen cognacstokerij in Frankrijk had, ontwikkelt hij Cosmik, een wodka die onmiddellijk in de prijzen valt. Wanneer Thierry iets later de gelegenheid krijgt om goed bewaarde vaten van porto en cognac te kopen, besluit hij om in de stokerij ook whisky te maken. De gerst is afkomstig van de velden rond de distilleerderij en ook het mouten gebeurt ter plaatse. De rijping gebeurt in de oude gewelfde kelders op het domein van de stokerij onder perfecte klimatologische omstandigheden. In 2015 wordt het eerste vat 3-jarige whisky in België gebotteld. Het resultaat is de atypische single cask whisky August 17 th. Elke vat verschilt van het vorige qua smaak en ervaring, wat maakt dat je de whisky telkens opnieuw kan ontdekken. Van de whisky bestaan intussen vier versies: de 3-jarige, de 5-jarige (Brutus), de 7-jarige (Julius) en de 10-jarige (Titus) August 17 th. De laatste drie krijgen vatvermeldingen, waardoor je als fan op de verzameltoer kan gaan. August 17 th wordt steeds gerijpt op cognacvaten en gefinisht op portovaten. August 17 th kent intussen ook een reeks Rare Cask Editions. Whisky's die na hun normaal rijpingsproces nog een finish krijgen van 1 tot 2 jaar op vaten van diverse origine en uitzonderlijke kwaliteit. De leeftijd van deze whisky's varieert van 5 tot 8 jaar.

Wave Distil, la société de Thierry Van Renterghem, est un cas à part sur le marché du whisky belge. La société a débuté à Gembloux, où toutes les activités annexes telles que la maturation et la finition en fûts spéciaux, l'embouteillage, l'étiquetage, la commercialisation... ont eu lieu, alors que la distillation se déroulait dans la région de Cognac pour des raisons purement commerciales et financières.

Certains amateurs estiment donc que les whiskys de Wave Distil ne peuvent être classés comme 'belges', mais cette initiative belge mérite certainement une place dans ce livre. Entre-temps, depuis le début de l'année 2021, Wave Distil est installé à Sorinnes, une commune de Dinant.
Les chaudrons se trouvent désormais également sur le sol belge, ce qui signifie que ce whisky répond désormais à une identité entièrement belge.

Cela nous amène à l'histoire exceptionnelle de Wave Distil et des whiskys de Thierry Van Renterghem. Alors qu'il se remettait d'un accident, Thierry s'est procuré le livre de Mendeliev intitulé 'Théorème de la vodka parfaite'. L'idée de la vodka parfaite, qui trottait dans sa tête depuis l'âge de 16 ans, est alors réapparue. Mais il faudra attendre 18 ans pour que Thierry, après une carrière dans l'art et l'archéologie, franchisse le pas et crée sa propre entreprise et sa propre vodka. Avec son ami d'enfance, qui possédait une distillerie de cognac en France, il a mis au point Cosmik, une vodka qui a immédiatement remporté des prix. Un peu plus tard, lorsque Thierry a eu l'occasion d'acheter des fûts de porto et de cognac bien conservés, il a décidé de fabriquer également du whisky dans la distillerie.
L'orge provient des champs situés autour de la distillerie et le maltage est également effectué sur place. La maturation a lieu dans les anciennes caves voûtées du domaine de la distillerie, dans des conditions climatiques parfaites.
En 2015, le premier tonneau de whisky de 3 ans d'âge est mis en bouteille en Belgique. Le résultat est le whisky single cask atypique August 17th. Chaque fût diffère du précédent par son goût et ses impressions, ce qui permet de découvrir le whisky encore et encore. Il existe désormais quatre versions du whisky : le 3 ans, le 5 ans (Brutus) et le 7 ans (Julius) August 17th, et à partir d'octobre 2021 également le 10 ans (Titus). Les trois derniers reçoivent des mentions du fût, permettant aux fans de commencer à collectionner. August 17th est toujours élevé en fûts de cognac et reçoit une finish en porto. August 17th connaît également une série de Rare Cask Editions. Whiskys qui, après leur processus normal de maturation, reçoivent une finition de 1 à 2 ans dans des fûts d'origines diverses et de qualité exceptionnelle. L'âge de ces whiskys varie de 5 à 8 ans.

Skot'tiche Pure Malt Whisky

40

3 years / *jaar* / années

10, 50 cl

Yes / *Ja* / Oui

Wave Distil

Malted winter barley (Augusta)
Gemoute wintergerst (Augusta)
Orge d'hiver maltée (Augusta)

Pot still Charentais

Blend of 2 August 17th whiskies: French oak + Port/Cognac
Blend van 2 August 17th whisky's: Franse eik + Porto/Cognac
Mix de 2 whisky August 17th : Chêne français + Porto/Cognac

No / *Neen* / Non

No / *Neen* / Non

Non-chill filtered
Non-chill gefilterd
Non-filtré à froid

On site
Ter plaatse
Sur place

August 17th

40

3 years / *jaar* / années

70 cl

Yes / *Ja* / Oui

Wave Distil

Malted winter barley (Augusta)
Gemoute wintergerst (Augusta)
Orge d'hiver maltée (Augusta)

Pot still Charentais

Oak Port/Cognac
Eik Porto/Cognac
Fûts en chêne Porto/Cognac

No / *Neen* / Non

No / *Neen* / Non

Non-chill filtered
Non-chill gefilterd
Non-filtré à froid

On site
Ter plaatse
Sur place

August 17th Brutus

48 (varies depending on year and cask)

5 years / *jaar* / années

70 cl

Yes / *Ja* / Oui (hand-numbered, limited edition)

Wave Distil

Malted winter barley (Augusta)
Gemoute wintergerst (Augusta)
Orge d'hiver maltée (Augusta)

Pot still Charentais

Oak Port/Cognac
Eik Porto/Cognac
Fûts en chêne Porto/Cognac

No / *Neen* / Non

No / *Neen* / Non

Non-chill filtered
Non-chill gefilterd
Non-filtré à froid

On site
Ter plaatse
Sur place

August 17th Julius

52 (varies depending on year and cask)

7 years / *jaar* / années

70 cl

Yes / *Ja* / Oui (hand-numbered, limited edition)

Wave Distil

Malted winter barley (Augusta)
Gemoute wintergerst (Augusta)
Orge d'hiver maltée (Augusta)

Pot still Charentais

Port/Cognac
Porto/Cognac
Porto/Cognac

No / *Neen* / Non

No / *Neen* / Non

Non-chill filtered
Non-chill gefilterd
Non-filtré à froid

On site
Ter plaatse
Sur placee

August 17th Titus

62 (varies depending on year and cask)

10 years / *jaar* / années

70 cl

Yes / *Ja* / Oui (hand-numbered, limited edition)

Wave Distil

Malted winter barley (Augusta)
Gemoute wintergerst (Augusta)
Orge d'hiver maltée (Augusta)

Pot still Charentais

Oak Port/Cognac
Eik *Porto/Cognac*
Fûts en chêne Porto/Cognac

No / *Neen* / Non

No / *Neen* / Non

Non-chill filtered
Non-chill gefilterd
Non-filtré à froid

On site
Ter plaatse
Sur placee

August 17th Rare Cask Edition W.01 MARSALA Wine Cask

43

3+2 years / *jaar* / années

70 cl

Yes / *Ja* / Oui (new release January 2022, hand-numbered, limited edition)

Wave Distil

Malted winter barley (Augusta)
Gemoute wintergerst (Augusta)
Orge d'hiver maltée (Augusta)

Pot still Charentais

French oak
Franse eik
Chêne français

Marsala
Marsala
Marsala

No / *Neen* / Non

Non-chill filtered
Non-chill gefilterd
Non-filtré à froid

On site
Ter plaatse
Sur place

August 17th Rare Cask Edition W.02 LAPHROAIG Islay Cask

50

3+2 years / *jaar* / années

70 cl

Yes / *Ja* / Oui (new release January 2022, hand-numbered, limited edition)

Wave Distil

Malted winter barley (Augusta)
Gemoute wintergerst (Augusta)
Orge d'hiver maltée (Augusta)

Pot still Charentais

French oak
Franse eik
Chêne français

Laphroaig Islay
Laphroaig Islay
Laphroaig Islay

No / *Neen* / Non

Non-chill filtered
Non-chill gefilterd
Non-filtré à froid

On site
Ter plaatse
Sur place

August 17th Rare Cask Edition W.03 MONBAZILLAC Wine Cask

45

5+2 years / *jaar* / années

70 cl

Yes / *Ja* / Oui (hand-numbered, limited edition)

Wave Distil

Malted winter barley (Augusta)
Gemoute wintergerst (Augusta)
Orge d'hiver maltée (Augusta)

Pot still Charentais

Port/Cognac
Porto/Cognac
Porto/Cognac

Monbazillac
Monbazillac
Monbazillac

No / *Neen* / Non

Non-chill filtered
Non-chill gefilterd
Non-filtré à froid

On site
Ter plaatse
Sur place

August 17th Rare Cask Edition W.04 OLOROSO Sherry Cask

43

3+2 years / *jaar* / années

70 cl

Yes / *Ja* / Oui (hand-numbered, limited edition)

Wave Distil

Malted winter barley (Augusta)
Gemoute wintergerst (Augusta)
Orge d'hiver maltée (Augusta)

Pot still Charentais

French oak
Franse eik
Chêne français

Xerez Oloroso
Jerez Oloroso
Xérès Oloroso

No / *Neen* / Non

Non-chill filtered
Non-chill gefilterd
Non-filtré à froid

On site
Ter plaatse
Sur place

August 17th Rare Cask Edition W.05 BANYULS Cask

48

7+1 years / *jaar* / années

70 cl

Yes / *Ja* / Oui (new release January 2022, hand-numbered, limited edition)

Wave Distil

Malted winter barley (Augusta)
Gemoute wintergerst (Augusta)
Orge d'hiver maltée (Augusta)

Pot still Charentais

Port/Cognac
Porto/Cognac
Porto/Cognac

Banyuls
Banyuls
Banyuls

No / *Neen* / Non

Non-chill filtered
Non-chill gefilterd
Non-filtré à froid

On site
Ter plaatse
Sur place

August 17th Rare Cask Edition W.06 BANYULS Cask

43

3+2 years / *jaar* / années

70 cl

Yes / *Ja* / Oui (new release January 2022, hand-numbered, limited edition)

Wave Distil

Malted winter barley (Augusta)
Gemoute wintergerst (Augusta)
Orge d'hiver maltée (Augusta)

Pot still Charentais

French oak
Franse eik
Chêne français

Banyuls
Banyuls
Banyuls

No / *Neen* / Non

Non-chill filtered
Non-chill gefilterd
Non-filtré à froid

On site
Ter plaatse
Sur place

August 17th Rare Cask Edition W.07 BOURBON Cask

48

7+1 years / *jaar* / années

70 cl

Yes / *Ja* / Oui (new release January 2022, hand-numbered, limited edition)

Wave Distil

Malted winter barley (Augusta)
Gemoute wintergerst (Augusta)
Orge d'hiver maltée (Augusta)

Pot still Charentais

French oak
Franse eik
Chêne français

Bourbon
Bourbon
Bourbon

No / *Neen* / Non

Non-chill filtered
Non-chill gefilterd
Non-filtré à froid

On site
Ter plaatse
Sur place

August 17th Rare Cask Edition W.08 SAUTERNES Cask

48

7+1 years / *jaar* / années

70 cl

Yes / *Ja* / Oui (hand-numbered, limited edition)

Wave Distil

Malted winter barley (Augusta)
Gemoute wintergerst (Augusta)
Orge d'hiver maltée (Augusta)

Pot still Charentais

Port/Cognac
Porto/Cognac
Porto/Cognac

Sauternes
Sauternes
Sauternes

No / *Neen* / Non

Non-chill filtered
Non-chill gefilterd
Non-filtré à froid

On site
Ter plaatse
Sur place

August 17th Rare Cask Edition W.09 LAPHROAIG 10Y Islay Cask

60

3+2 years / *jaar* / années

70 cl

Yes / *Ja* / Oui (new release January 2023, hand-numbered, limited edition)

Wave Distil

Malted winter barley (Augusta)
Gemoute wintergerst (Augusta)
Orge d'hiver maltée (Augusta)

Pot still Charentais

French oak
Franse eik
Chêne français

Laphroaig 10Y Islay
Laphroaig 10J Islay
Laphroaig 10A Islay

No / *Neen* / Non

Non-chill filtered
Non-chill gefilterd
Non-filtré à froid

On site
Ter plaatse
Sur place

August 17th Rare Cask Edition W.10 SAUTERNES Cask

45

5+2 years / *jaar* / années

70 cl

Yes / *Ja* / Oui (hand-numbered, limited edition)

Wave Distil

Malted winter barley (Augusta)
Gemoute wintergerst (Augusta)
Orge d'hiver maltée (Augusta)

Pot still Charentais

Port/Cognac
Porto/Cognac
Porto/Cognac

Sauternes
Sauternes
Sauternes

No / *Neen* / Non

Non-chill filtered
Non-chill gefilterd
Non-filtré à froid

On site
Ter plaatse
Sur place

STOKERIJ WILDEREN

Since the 17th century, the farm and brewery of the Nicolaï family have been located in Wilderen (Hesbaye). The agricultural business flourished and in 1743 a large half-timbered barn was added. In 1843, the legal status of 'agricultural distillery' was created, which meant that any agricultural company that cultivated its own grain and set up a jenever distillery could enjoy a 15% excise duty advantage.

This status led the Nicolaï family to expand the farm in 1890 with a distillery and a malting floor for malting barley. In 1908, August Nicolaï, then mayor of Wilderen gave the distillery a more permanent and industrial character. He saw a future in the distillation of alcohol and built a professional distillery on the site of the old agricultural distillery. He built a five-storey industrial building with an impressive distillery powered by a steam engine. However, the war and the subsequent crisis thwarted his grand plans. In 1939, August Nicolaï stopped distilling alcohol altogether. After a new, but unsuccessful, start in 1945, the distillery closed down for good in 1946.

Fortunately, the distillery buildings and the combustion plant survived the Second World War, making Stokerij Wilderen today the largest preserved historic distillery in Europe. In 2007 Mike Janssen and his wife Roniek van Bree purchased the dilapidated site. Only in 2010 all the permits were in place, but after that the renovation was relatively quick. The result was impressive: the half-timbered barn and the buildings of the old distillery were renovated with respect for the past, and a brand new brewery and distillery with a state of the art installation of Italian manufacture was added. The site was opened in July 2011. In addition to beer and rum, 6,000 bottles of Wild Weasel whisky are produced each year. From each barrel, a portion is bottled at cask strength (with an alcohol content of 60%), another portion is bottled as single malt at 46% and a third portion is blended with a whisky from Distillerie Radermacher and bottled as a finest blend at 40%. The cask strength whisky is actually only available to order. Under the right circumstances, customers can also purchase a full cask of new make that is matured for them in the distillery.

Wilderenlaan 8, 3803 Sint-Truiden (Wilderen)

brouwerijwilderen.be

In het Haspengouwse Wilderen ligt sinds de 17de eeuw de vierkantshoeve en brouwerij van de familie Nicolaï. Het landbouwbedrijf floreerde en in 1743 werd een grote vakwerkschuur bijgebouwd. In 1843 ontstond het wettelijk statuut van 'landbouwstokerij'. Op deze manier kon elk landbouwbedrijf dat zijn eigen graanteelt had en een jeneverstokerij oprichtte, genieten van een accijnsvoordeel van 15%.

Dat statuut deed de familie Nicolaï besluiten om de hoeve in 1890 uit te breiden met een stokerij en een moutvloer om gerst te mouten. In 1908 krijgt de stokerij onder August Nicolaï, in die tijd burgemeester van Wilderen, een meer industrieel karakter. Hij zag toekomst in het stoken van alcohol en hij bouwde nog datzelfde jaar op de site van de oude landbouwstokerij een voor die tijd professionele stokerij. Hij zag het groots
en bouwde een industrieel gebouw met vijf verdiepingen en een indrukwekkende stookinstallatie met eigen stroomvoorziening via een stoommachine. Zijn grootse plannen werden echter gedwarsboomd door de oorlog en de daaropvolgende crisis. In 1939 stopte August Nicolaï helemaal met het stoken van alcohol. Na een nieuwe, maar onsuccesvolle, herstart in 1945 gaat de stokcrij in 1946 definitief dicht.

Gelukkig overleefden de stokerijgebouwen en de stookinstallatie de tand des tijds, waardoor Stokerij Wilderen vandaag de grootste bewaarde historische stokerij van Europa is. In 2007 lieten Mike Janssen en zijn vrouw Roniek van Bree hun oog vallen op de vervallen site die te koop stond. Het duurde tot 2010 vooraleer alle vergunningen er waren, maar het project werd daarna in sneltempo gerealiseerd. Het resultaat van de renovatie mag gezien worden: de oude vakwerkschuur en de gebouwen van de oude stookinstallatie werden met de nodige eerbied gerenoveerd en daarnaast verrees ook een nieuwbouwbrouwerij en -stokerij met een hypermoderne installatie van Italiaanse makelij die in juli 2011 opende. Naast bier en rum worden jaarlijks 6000 flessen Wild Weasel whisky geproduceerd. Van elk vat wordt een deel gebotteld op cask strength (met een alcoholpercentage van 60%), een ander deel wordt gebotteld als single malt op 46% en een derde deel wordt geblend met een whisky van Distillerie Radermacher en gebotteld als finest blend op 40%. De cask strength whisky is eigenlijk alleen op bestelling te verkrijgen. Onder de juiste omstandigheden kunnen klanten een volledig vat new make *aankopen dat voor hen gerijpt wordt in de stokerij.*

Depuis le XVIIe siècle, la ferme en carré et la brasserie de la famille Nicolaï sont situées dans le village de Wilderen en Hesbaye. L' activité agricole est florissante et en 1743, une grande grange à colombages est construite. En 1843, le statut juridique de 'distillerie agricole' est créé, ce qui signifiait que toute société agricole qui cultivait ses propres céréales et créait une distillerie de genièvre, pouvait bénéficier d'un avantage de 15 % sur les droits d'accise.

Ce nouveau statut a conduit la famille Nicolaï à agrandir l'exploitation en 1890 en y ajoutant une distillerie et un germoir pour l'orge. En 1908, sous la direction d'August Nicolaï, alors maire de Wilderen, la distillerie prend un caractère plus industriel. August Nicolaï voit un avenir dans la distillation de l'alcool et décide d'installer une distillerie professionnelle sur le site de l'ancienne distillerie agricole. Il voit grand et construit un bâtiment industriel de cinq étages avec une impressionnante distillerie alimentée par une machine à vapeur. Cependant, la guerre et la crise qui s'ensuit contrarient ses grands projets. En 1939, August Nicolaï cesse de distiller de l'alcool. Il redémarre les activités en 1945, mais sans succès et l'entreprise ferme définitivement ses portes en 1946.

Heureusement, les bâtiments et l'installation ont survécu aux outrages du temps, faisant de Stokerij Wilderen la plus grande distillerie historique préservée d'Europe. En 2007, Mike Janssen et son épouse Roniek van Bree ont eu l'œil sur le site délabré qui était à vendre. Il a fallu attendre 2010 pour que toutes les autorisations soient en place, mais le projet a été réalisé très rapidement par la suite. Le résultat de la rénovation est impressionnant : l'ancienne grange à colombages et les bâtiments de l'ancienne distillerie ont été rénovés avec respect. Une nouvelle brasserie et distillerie avec une installation ultramoderne de fabrication italienne ont été construites et ont ouvert leurs portes en juillet 2011. Outre la bière et le rhum, 6 000 bouteilles de whisky Wild Weasel sont produites chaque année. De chaque barrique, une partie est embouteillée 'brut de fût' (avec un taux d'alcool de 60 %), une autre partie en tant que single malt à 46 % et une troisième partie est mélangée avec un whisky de la Distillerie Radermacher et embouteillée en tant que finest blend à 40 %. Le whisky 'brut de fût' (cask strength) est uniquement disponible sur commande. On offre aussi la possibilité aux clients d'acheter un fût complet de new make qu'on peut alors laisser mûrir dans la distillerie.

Wild Weasel Finest Blend

- 40
- 5 years / *jaar* / années
- 70 cl
- Yes / *Ja* / Oui
- Stokerij Wilderen
- Grain
Graan
Grain
- Column still
- Oak bourbon casks
Eiken bourbonvaten
Fûts de bourbon en chêne
- No / *Neen* / Non
- No / *Neen* / Non
- Non-chill filtered
Non-chill gefilterd
Non-filtré à froid
- On site
Ter plaatse
Sur place

Wild Weasel Single Cask Single Malt

46

5 years / *jaar* / années

70 cl

Yes / *Ja* / Oui

Stokerij Wilderen

Grain
Graan
Grain

Column still

Oak bourbon casks
Eiken bourbonvaten
Fûts de bourbon en chêne

No / *Neen* / Non

No / *Neen* / Non

Non-chill filtered
Non-chill gefilterd
Non-filtré à froid

On site
Ter plaatse
Sur place

Wild Weasel Single Malt

58

5 years / *jaar* / années

70 cl

Limited / *beperkt* / limité

Stokerij Wilderen

Grain
Graan
Grain

Column still

Oak bourbon casks
Eiken bourbonvaten
Fûts de bourbon en chêne

No / *Neen* / Non

No / *Neen* / Non

Non-chill filtered
Non-chill gefilterd
Non-filtré à froid

On site
Ter plaatse
Sur place

Wild Weasel Single Malt Sherry Cask Finish

46

6 years / *jaar* / années

50 cl

Yes / *Ja* / Oui

Stokerij Wilderen

Grain
Graan
Grain

Column still

Oak bourbon casks
Eiken bourbonvaten
Fûts de bourbon en chêne

Sherry
Sherry
Sherry

No / *Neen* / Non

Non-chill filtered
Non-chill gefilterd
Non-filtré à froid

On site
Ter plaatse
Sur place

Wild Weasel Single Malt Red Port Cask Finish

46

6 years / *jaar* / années

50 cl

Yes / *Ja* / Oui

Stokerij Wilderen

Grain
Graan
Grain

Column still

Oak bourbon casks
Eiken bourbonvaten
Fûts de bourbon en chêne

Red Port
Rode *Porto*
Porto rouge

No / *Neen* / Non

Non-chill filtered
Non-chill gefilterd
Non-filtré à froid

On site
Ter plaatse
Sur place

Wild Weasel Single Malt White Port Cask Finish

46

6 years / *jaar* / années

50 cl

Yes / *Ja* / Oui

Stokerij Wilderen

Grain
Graan
Grain

Column still

Oak bourbon casks
Eiken bourbonvaten
Fûts de bourbon en chêne

White Port
Witte Porto
Porto blanc

No / *Neen* / Non

Non-chill filtered
Non-chill gefilterd
Non-filtré à froid

On site
Ter plaatse
Sur place

Graanstokerij Filliers

A glimpse into the future

Almost everyone agrees: it is written in the stars that Belgium will become an important whisky country sooner rather than later. Many of our country's brewers and jenever distillers have the knowledge and skills to make whisky, should they have the ambition to do so.

But between the dream and the first tangible result, there is often a considerable time lag. Not only does it take time to complete the official formalities and find and build the required distillery, the distillate must also mature for three years and one day in casks before it can be classified as 'whisky'.

At the time of going to press with this book, we are aware of a number of initiatives that will lead to new Belgian whiskies in the next few years. Listed below are a few of them.

Een blik in de toekomst

Zowat iedereen is het erover eens: het staat in de sterren geschreven dat België eerder vroeg dan laat tot een belangrijk whiskyland zal uitgroeien. Vele brouwers en jeneverstokers die ons land rijk is, hebben alle kennis en kunde in huis om whisky te maken, mochten ze die ambitie koesteren.

Maar tussen de droom en het eerste tastbare resultaat gaapt in vele gevallen een flinke tijdspanne. Niet alleen vergen officiële formaliteiten en het vinden en opbouwen van de vereiste distilleerinstallatie de nodige tijd, maar het distillaat moet ook nog eens drie jaar en een dag op vat rijpen vooraleer het 'whisky' mag genoemd worden.

Bij het ter perse gaan van dit boek hebben we weet van een aantal initiatieven die in de eerstvolgende jaren tot nieuwe Belgische whisky's zullen leiden. We sommen er hier enkele op.

Un regard sur l'avenir

Presque tout le monde est d'accord : il est écrit dans les étoiles que la Belgique deviendra tôt ou tard un pays important pour le whisky. De nombreux brasseurs et distillateurs de genièvre ou de gin dans notre pays ont toutes les connaissances et les compétences nécessaires pour fabriquer du whisky, s'ils en ont l'ambition.

Mais entre le rêve et le premier résultat tangible, il y a souvent un décalage considérable. Non seulement il faut du temps pour accomplir les formalités officielles et trouver et construire la distillerie requise, mais le distillat doit également mûrir pendant trois ans et un jour dans des fûts avant de pouvoir être appelé 'whisky'.

À l'heure où nous mettons ce livre sous presse, nous avons connaissance d'un certain nombre d'initiatives qui mèneront à la création de nouveaux whiskies belges dans les prochaines années. En voici quelques-unes.

Het Aerts Paradijs (Beringen)
In the 1990s, Jos Aerts started making fruit wines, but the success did not anywhere meet the expectations.
On the other hand, the first beer he brewed did appeal to the public and became an instant hit. In 2014 Jos started his own brewery, which his son Jeroen took over in 2019. In addition to brewing, he wanted to focus on distilling as well and almost immediately invested in two German stills. Not that much later, a first distillate appeared on the market, the 'Appelstook', an eau de vie made from apples from Limburg, say a kind of 'Limburg calvados'. A gin and an eau de bière will probably follow soon.
In addition to that a whisky has been distilled, which is now maturing in bourbon barrels and will be bottled in three years' time. By the way, the Aerts Paradijs puts its distillation installation at the disposal of enthusiasts who dream of making their own spirit and Jeroen Aerts will gladly advise and assist anyone who wants to try their hand at distilling.

***Het Aerts Paradijs** (Beringen)*
In de jaren 1990 begon Jos Aerts met het maken van vruchtenwijnen, maar het succes bleef uit. Anders verging het met het eerste biertje dat hij brouwde, dat viel wel in de smaak. Maar het zou nog vele jaren duren voor Jos in 2014 een eigen brouwerij opstartte. Deze werd in 2019 overgenomen door zijn zoon Jeroen die zich naast het brouwen vrij snel op het distilleren zou toeleggen: hij investeerde vrijwel meteen in twee Duitse distilleerketels. Ondertussen verscheen een eerste distillaat op de markt, de 'Appelstook', een eau de vie *gemaakt van appelen uit Limburg, zeg maar een soort 'Limburgse calva'. Naar verluidt zullen een gin en een* eau de bière *snel volgen.*

Vurtense Schansstraat 32, 3582 Koersel

hetaertsparadijs.be

Maar daar blijft het niet bij, want er werd ook al whisky gestookt die op bourbon vaten ligt te rijpen en over drie jaar zal worden gebotteld. Het Aerts Paradijs stelt zijn stookinstallatie trouwens ook ter beschikking van liefhebbers die ervan dromen hun eigen spirit te maken. Jeroen Aerts staat je graag met raad en daad bij.

Het Aerts Paradijs (Beringen)
Dans les années 1990, Jos Aerts a commencé à produire des vins de fruits, mais le succès ne s'est pas concrétisé. Il en a été autrement avec la première bière qu'il a brassée, qui a plu au public. Mais il faudra encore de nombreuses années avant que Jos ne lance sa propre brasserie en 2014. Celle-ci a été reprise en 2019 par son fils Jeroen qui, en plus du brassage, va bientôt se concentrer sur la distillation : il a presque immédiatement investi dans deux alambics allemands. Entre-temps, un premier distillat est apparu sur le marché, l''Appelstook', une eau de vie fabriquée à partir de pommes du Limbourg, c'est-à-dire une sorte de 'calva limbourgeois'. On dit qu'un gin et une eau de bière suivront bientôt.
Mais ce n'est pas tout, car on a également distillé du whisky, qui mûrit dans des fûts de bourbon et sera mis en bouteille dans trois ans. D'ailleurs, Het Aerts Paradijs met son installation de distillation à la disposition des amateurs qui rêvent de fabriquer leur propre spiritueux. Jeroen Aerts se fera un plaisir de vous conseiller et de vous aider.

Craywinckelhof Brewery (Lubbeek)
The history of the Craywinckelhof goes back almost 130 years. In 1893, Germaan Van Obbergen started a small farm brewery between Leuven and Diest. At the end of the First World War, he was forced to stop when the German occupiers confiscated all brewing equipment. 90 years later, the fifth generation, with Louis Schrevens, would breathe new life into the tradition. Since 2010, Craywinckelhof has been brewing private label beers and distillates with knowledge and passion. The farmstead has grown into a true regional experience centre... and there is a distillate maturing that will be launched on the market as whisky in 2022 at the earliest.

***Brouwerij Craywinckelhof** (Lubbeek)*
De geschiedenis van het Craywinckelhof gaat bijna 130 jaar terug. In 1893 startte Germaan Van Obbergen een kleine hoevebrouwerij tussen Leuven en Diest. Op het einde van de Eerste Wereldoorlog moest hij daar noodgedwongen mee stoppen toen de Duitse bezetter alle brouwmateriaal in beslag namen. Pas ruim 90 jaar later zou de vijfde generatie, met Louis Schrevens de traditie nieuw leven in blazen. Sinds 2010 brouwt men in Craywinckelhof met kennis en passie private label bieren en distillaten. De hoeve is uitgegroeid tot een waar streekbelevingscentrum… en er ligt ook een distillaat te rijpen dat ten vroegste in 2022 als whisky op de markt zal gebracht worden.

Staatsbaan 263, 3210 Lubbeek

craywinckelhof.be

Brasserie Craywinckelhof (Lubbeek)
L'histoire du Craywinckelhof remonte à près de 130 ans. En 1893, Germaan Van Obbergen créa une petite brasserie de ferme entre Louvain et Diest. À la fin de la Première Guerre mondiale, il fut contraint d'arrêter lorsque les occupants allemands ont confisqué tout le matériel de brassage. Un peu plus de 90 ans plus tard, la cinquième génération, avec Louis Schrevens, allait donner un nouveau souffle à la tradition. Depuis 2010, Craywinckelhof brasse des bières et des distillats de marque privée (private label) avec savoir-faire et passion. La ferme est devenue un véritable centre d'expériences régionales... et il y a aussi un distillat qui y mûrit et qui sera mis sur le marché sous forme de whisky en 2022 au plus tôt.

Brugse Whisky Company (Brugge)
Thibault De Meyer, barely 27, has high ambitions. This whisky fanatic, who has turned his passion into his profession will be presenting his first Bruges' whisky on 10 September 2022. An event already eagerly awaited, not in the least by the select group of aficionados who were able to buy and enjoy one or more of the eight spirits, limited and numbered editions, that have already been put on the market. They saw the value of their purchase increase at a staggering rate. These distillates have matured between three months and two years in first-fill barrels. Small 64 litre barrels for Rogia, which speeds the maturation process and adds taste in a faster way, and 190 litre barrels for Ryggia. The names Rogia and Ryggia both refer to the Celtic word for 'holy water', which may also be related to the word 'reie', as the canals in the city centre of Bruges are named. In no time at all these releases were out the door and the reactions were unanimously positive.

Brugse Whisky Company *(Brugge)*
Thibault De Meyer, nauwelijks 27, koestert hoge ambities. Deze whiskyfanaat die van zijn passie deels zijn beroep heeft gemaakt, zal op 10 september 2022 zijn eerste Brugse whisky voorstellen. Daar wordt alvast met spanning naar uitgekeken en niet in het minst door het selecte groepje aficionado's dat een of meerdere van de acht spirits die reeds in beperkte en genummerde oplage op de markt kwamen, op de kop kon tikken. Zij zagen hun aankoop duizelingwekkend snel in waarde stijgen. Deze distillaten hebben tussen drie maand en twee jaar gerijpt op first fill vaten. Vaatjes van 64 liter voor Rogia waardoor de spirit vlugger smaak krijgt en ouder lijkt dan hij is, en vaten van 190 liter voor de Ryggia. Beide namen refereren aan het Keltische woord voor 'heilig water' dat mogelijk ook verwant is met het woord 'reie', zoals de kanalen in de Brugse binnenstad worden genoemd. In geen tijd was de beperkte productie van deze releases de deur uit en de reacties waren eensluidend positief.

Brugse Whisky Company (Brugge)
Thibault De Meyer, 27 ans à peine, a de grandes ambitions. Cet amateur et connaisseur de whisky, qui a fait de sa passion en partie son métier, présentera son premier whisky de Bruges le 10 septembre 2022. Celui-ci est d'ores et déjà très attendu, notamment par le petit groupe d'aficionados qui ont pu mettre la main sur un ou plusieurs des huit single malts qui sont déjà sortis dans le passé en édition limitée et numérotée. Ils ont vu la valeur de leurs achats augmenter à un rythme effarant. Ces distillats ont vieilli entre trois mois et deux ans dans des fûts de premier remplissage. Des fûts de 64 litres pour Rogia, ce qui a permis de donner plus rapidement du goût à ce spirit et le fait paraître plus vieux qu'il ne l'est, et des fûts de 190 litres pour Ryggia. Ces deux noms font référence au mot celte qui désigne l'eau bénite et qui est peut-être aussi lié au mot 'reie', nom donné aux canaux du centre de Bruges. En un rien de temps, ces productions limitées ont été vendues et les réactions ont été unanimement positives.

Sint-Amandsstraat 27, 8000 Brugge

brugsewhisky.be

Dada Chapel Distillery (Gent)
The somewhat obstinate Dada Chapel Distillery is located in the chapel and the coach house of a former building of the Sisters Childhood of Jesus in the city centre of Ghent. Inspired by Dadaism, the revolutionary early 20th century artistic movement, whose most important representatives include Tristan Tzara, Hans Arp, Man Ray and Francis Picabia, the initiators claim that they want to push back frontiers in a rather traditional sector: 'Dada Chapel is a creative haven, where thinking differently is a lifestyle, and critical experimentation is a must, with the sacred credo: In Odd We Trust.'
It should therefore come as no surprise that their experiments in whisky making, which started a few years ago, will lead to a whisky with a very distinct character and taste pattern. The use of local Belgian products, a mix of different types of grain and a wide range of maturation on wood will undeniably result in an exceptional flavour profile. The first whisky is expected to be a single malt that combines all these flavours into a pleasant whisky with a Belgian identity.

***Dada Chapel Distillery** (Gent)*
De ietwat eigenzinnige Dada Chapel Distillery is gevestigd in de kapel en het koetshuis van een voormalig pand van de Zusters Kindsheid Jesu in de Gentse binnenstad. Geïnspireerd door het dadaïsme, de revolutionaire artistieke beweging uit het begin van de 20ste eeuw met als belangrijke vertegenwoordigers o.m. Tristan Tzara, Hans Arp, Man Ray en Francis Picabia, willen de initiatiefnemers naar eigen zeggen grenzen verleggen in een eerder traditionele sector: 'Dada Chapel is een creatieve vrijhaven, waar anders denken een levensstijl is, en kritisch experimenteren een must met als heilig credo: In Odd We Trust.'

Nederpolder 1, 9000 Gent

dadachapel.com

Het mag dan ook niet verwonderen dat de experimenten rond het maken van whisky, waarmee enkele jaren geleden binnen deze visie werd begonnen, zullen leiden tot een whisky met een heel uitgesproken karakter en smaakpatroon. Het gebruik van lokale Belgische producten, een mix van verschillende graansoorten en een brede waaier aan rijping op houtsoorten zullen ontegensprekelijk zorgen voor een uitzonderlijk smaakprofiel. Verwacht wordt dat de eerste whisky een single malt zal zijn die al deze smaken combineert tot een aangename whisky met een Belgische identiteit.

Dada Chapel Distillery (Gent)
La distillerie Dada Chapel, quelque peu excentrique, est située dans la chapelle et la remise à calèches d'un ancien bâtiment des Sœurs de l'Enfance de Jésus, dans le centre de Gand. Inspirés par le dadaïsme, mouvement artistique révolutionnaire du début du XXe siècle, dont les représentants les plus importants sont Tristan Tzara, Hans Arp, Man Ray et Francis Picabia, les initiateurs affirment vouloir repousser les frontières dans un secteur plutôt traditionnel : 'Dada Chapel est un havre créatif, où penser différemment est un style de vie, et où l'expérimentation critique est un must, avec le credo sacré : In Odd We Trust.'
Il n'est donc pas surprenant que les expériences de fabrication de whisky, qui ont débuté il y a quelques années dans le cadre de cette vision, aboutissent à un whisky au caractère et au goût très distincts. L'utilisation de produits belges locaux, un mélange de différents types de grains et un large éventail de maturation sur bois aboutiront indéniablement à un profil de saveurs exceptionnel. Le premier whisky devrait être un single malt qui combine toutes ces saveurs en un whisky agréable à l'identité belge.

De Cort Farm Distillery (Pepingen)
Formerly known as the Open Up Farm Distillery, this distillery has been carrying the name of its owners since 2019: Manu De Cort and his wife Sofie. Manu is not only the distiller, but also the designer of the labels of their products. Sofie is responsible for the administrative and logistic part. Their conscious and eco-friendly working method – they distil their own alcohol from raw materials that are grown in the immediate surroundings – ensured that their gin and vodka were very successful from the very beginning. Jenever soon followed and in 2016 they decided to produce whisky as well. Again, this was not a half-way job, as they immediately chose a range of five different whiskies: a rye whisky, a single malt, a smoked whisky with barley smoked with wood from fruit trees, a lightly-turfed version of 20 ppm and a heavier one of 60 ppm. Today, these promising whiskies are still maturing in first fill bourbon casks. The De Cort Farm whiskies are eagerly awaited... but distiller Manu is in no hurry.

***De Cort Farm Distillery** (Pepingen)*
Vroeger was deze stokerij bekend als de Open Up Farm Distillery, maar sinds 2019 draagt ze de naam van de eigenaars: Manu De Cort en zijn echtgenote Sofie. Manu is niet alleen de stoker, maar ook de ontwerper van de etiketten van hun producten. Sofie staat in voor het administratieve en logistieke luik. Hun zorgvuldige en ecovriendelijke werkwijze – ze stoken hun eigen alcohol op basis van grondstoffen uit de onmiddellijke omgeving – heeft ervoor gezorgd dat hun gin en wodka van meet af aan zeer succesvol waren. Vrij snel volgde ook jenever en in 2016 werd besloten om ook whisky te produceren. Het werd opnieuw geen half werk want men koos onmiddellijk voor een gamma van vijf verschillende whisky's: een rye whisky, een single malt, een smoked whisky waarbij de gerst gerookt werd met hout van fruitbomen, een licht geturfde versie van 20 ppm en een zwaardere van 60 ppm. Op vandaag liggen deze veelbelovende whisky's nog steeds te rijpen op first fill bourbonvaten. Er wordt met spanning naar de De Cort Farm whisky's uitgekeken... maar stoker Manu heeft geen haast.

Boekhoutstraat 28, 1670 Pepingen

decortdistillery.be

De Cort Farm Distillery (Pepingen)
Anciennement connue sous le nom de Open Up Farm Distillery, cette distillerie porte le nom de ses propriétaires depuis 2019 : Manu De Cort et sa femme Sofie. Manu n'est pas seulement le distillateur, mais aussi le créateur des étiquettes de leurs produits, tandis que Sofie est responsable de la partie administrative et logistique. Leur méthode de travail respectueuse de l'environnement – ils distillent leur propre alcool à partir de matières premières provenant des environs immédiats – a assuré le succès de leur gin et de leur vodka dès le début. Le genièvre a rapidement suivi et en 2016, ils ont décidé de produire également du whisky. Là non plus, ils ne font pas le travail à moitié, puisqu'ils ont immédiatement choisi une gamme de cinq whiskys différents : un whisky de seigle (rye), un single malt, un whisky fumé où l'orge a été fumée avec du bois d'arbres fruitiers, une version légèrement fumée de 20 ppm et une autre plus lourde de 60 ppm. Aujourd'hui, ces whiskys prometteurs continuent de mûrir dans des fûts de bourbon de premier remplissage. Les whiskys de la ferme De Cort sont attendus avec impatience... mais le distillateur Manu ne semble pas pressé.

GillBro (Landen)
To try the first whisky of Wim Gillard of the GillBro, a company specialised in promotional gifts, we will need to wait at least 3 more years as the distillate, a product of the Distillerie van Neerlanden, has only been in barrel (French oak) since the spring of 2021.

GillBro *(Landen)*
De eerste whisky van Wim Gillard van het bedrijf GillBro, gespecialiseerd in relatiegeschenken, laat nog minstens 3 jaar op zich wachten. Het distillaat, een product van de Distillerie van Neerlanden, ligt sinds het voorjaar van 2021 op vat (Franse eik).

GillBro (Landen)
Le premier whisky de Wim Gillard, de la société GillBro, spécialisée dans les cadeaux promotionnels, n'arrivera pas avant au moins trois ans. Le distillat, un produit de la Distillerie van Neerlanden, est en barrique (chêne français) depuis le printemps 2021.

Bergstraat 30, 3404 Landen

persoonlijkgeschenk.be

Brasserie Saint-Feuillien (Le Rœulx)
This brewery was named after the Irish monk Feuillien who lived in the area in the 7th century and met with an unfortunate end. He was commemorated with the foundation of a Premonstratensian abbey in 1125, where beer was brewed until shortly after the French Revolution. In 1873, Stéphanie Friart continued the tradition and today this successful brewery is still in the hands of the fifth generation of the same family: deputy manager Benoît Friart is also the mayor of the town and his sister, Dominique, is in charge of management and PR of the brewery.
Saint-Feuillien released a 'Triple Distilled Malt' in 2019 in a limited edition of 9,000 bottles. As the name suggests, this malt was distilled three times, a typical Irish way of working. The distillate is made from the malted barley that is also used as the base for the St-Feuillien Triple and was matured for six months in American bourbon casks that were only used once.
It is said that a first whisky would not be long in coming.

Brasserie Saint-Feuillien *(Le Rœulx)*
Deze brouwerij werd genoemd naar de Ierse monnik Feuillien die in de 7de eeuw in de omgeving leefde en er onfortuinlijk aan zijn einde kwam. Hij werd in herinnering gebracht bij de stichting van een premonstratenzerabdij in 1125, waar onder meer ook bier werd gebrouwen tot vlak na de Franse Revolutie. In 1873 zette ene Stéphanie Friart de traditie verder en op vandaag is deze succesvolle brouwerij nog steeds in handen van vijfde generatie van dezelfde familie: afgevaardigd beheerder Benoît Friart is tevens burgemeester van Le Rœulx en zijn zus, Dominique, staat in voor het management en de PR.
Saint-Feuillien bracht in 2019 een 'Triple Distilled Malt' uit in een gelimiteerde editie van 9.000 flessen. Zoals de naam het stelt, werd deze malt drie keer gedistilleerd, een typisch Ierse manier van werken. Het distillaat is gemaakt op basis van gemoute gerst die ook als basis voor de St-Feuillien Triple gebruikt wordt en werd zes maand gerijpt op Amerikaanse bourbonvaten die slechts eenmaal werden gebruikt.
Naar verluidt zou een eerste whisky niet lang meer uitblijven.

Brasserie Saint-Feuillien (Le Rœulx)
Cette brasserie a été nommée en l'honneur du moine irlandais Feuillien qui a vécu dans la région au VIIe siècle et qui y a été martyrisé et tué. Ses disciples élevèrent une chapelle qui deviendrait en 1125 l'abbaye Saint-Feuillien du Rœulx. Cette abbaye de l'ordre des Prémontrés a produit de la bière jusqu'à peu après la Révolution française. En 1873, une certaine Stéphanie Friart a perpétué la tradition et aujourd'hui, cette brasserie prospère est toujours entre les mains de la cinquième génération de la même famille : l'administrateur délégué Benoît Friart est également le maire de la ville et sa sœur, Dominique, est chargée de la gestion et des relations publiques.
En 2019 Saint-Feuillien a sorti un 'Triple Distilled Malt' dans une édition limitée à 9 000 bouteilles. Comme son nom l'indique, ce distillat unique est issu d'une triple distillation de la bière. Il est extrait à partir de l'orge maltée utilisée pour la fabrication de la St-Feuillien Triple, une bière de haute fermentation, et affiné pendant 6 mois dans des barriques de chêne américain (Bourbon) de premier remplissage. Il est ensuite dilué à l'eau de source naturelle et porté à 46°.
On dit qu'un premier whisky ne tarderait pas à arriver.

Rue d'Houdeng 20, 7070 Le Rœulx

st-feuillien.com

Sterkstokers (Sint-Lenaarts)
Distilling is in Thomas Cuyvers' genes. During the occupation, illegal alcohol production provided great-grandfather Driek Cuyvers, who worked in the Zonhoven mines, with a necessary extra income. Grandfather Antoon was a coppersmith and supplier of many stills in the region. Just before the Liberation, he was fined by the Germans for the illegal possession and use of a still. For father John Cuyvers, these stories are cherished memories, but his son Thomas would connect to the past and take up distilling again.
The first products were liqueurs and elixirs. Taxandria Elixirs and Distillates saw the light of day in 2011. Soon jenever and gin were added to the range. When the gin-hype burst a few years later, there was great demand to work for third parties. Thomas Cuyvers became a master distiller and the company changed its name. Sterkstokers Distilleries found a new home in a modern industrial building in Hoogstraten. Only a few years later, the construction of a new distillery on the canal in Sint-Lenaarts was started. The company moved in and a first barrel of whisky was produced in 2013, but it has not yet been bottled or sold. During the pandemic, surplus beer was distilled. This beer brandy matures just like whisky in oak barrels. A production of 10 000 litres per year is expected.

***Sterkstokers** (Sint-Lenaarts)*
Het stoken zit Thomas Cuyvers in de genen. Tijdens de bezetting was het illegaal stoken een noodzakelijke bijverdienste voor overgrootvader Driek Cuyvers die in de mijn van Zonhoven werkte. Grootvader Antoon was dan weer kopersmid en leverancier van veel stookketels in de regio. Net voor de Bevrijding werd hij nog beboet door de Duitsers voor het illegaal bezit en gebruik van een stookketel. Voor vader John Cuyvers bleven dit herinneren, maar zoon Thomas zou het stoken terug opnemen.
De eerste producten waren likeuren en elixirs. Taxandria Elixirs en Distillaten zag het licht in 2011 en al vlug werd ook jenever en gin gestookt. Toen enkele jaren later de gin-hype losbarstte kwam de vraag om ook voor derden te werken. Thomas Cuyvers groeide uit tot een meester-distillateur en het bedrijf veranderde van naam: Sterkstokers Distilleries vond meteen ook een nieuw onderkomen in een modern industrieel pand in Hoogstraten. Nauwelijks enkele jaren later werd al gestart met de bouw van een nieuwe stokerij aan de vaart in Sint-Lenaarts. Daar nam het bedrijf eind 2020 zijn intrek.
Een eerste vat whisky werd in 2013 gemaakt, maar er werd op vandaag nog niet gebotteld of verkocht. Tijdens de pandemie werden er overschotten bier uitgestookt. Deze bierbrand rijpt net als whisky op eikenhouten vaten. Men verwacht een productie van 10.000 liter per jaar.

Sterkstokers (Sint-Lenaarts)
La distillation est inscrite dans ADN familial de Thomas Cuyvers. Pendant l'occupation, la distillation illégale était un revenu supplémentaire nécessaire pour l'arrière-grand-père Driek Cuyvers qui travaillait dans la mine de Zonhoven. Le grand-père Antoon était un chaudronnier et le fournisseur de nombreuses chaudières dans la région. Juste avant la Libération, il a été condamné par les Allemands à une amende pour possession et utilisation illégales d'une chaudière. Pour le père, John Cuyvers, ce n'étaient que des souvenirs, mais le fils Thomas a repris la distillation.
Les premiers produits étaient des liqueurs et des élixirs. Les élixirs et distillats Taxandria ont vu le jour en 2011 et bientôt le genièvre et le gin ont également été distillés. Lorsque la mode du gin a explosé quelques années plus tard, la demande de travailler pour des tiers est vite suivie. Thomas Cuyvers est devenu un maître distillateur et la société a changé de nom. Sterkstokers Distilleries trouve un nouveau domicile dans un bâtiment industriel moderne à Hoogstraten. A peine quelques années plus tard on a commencé avec la construction d'une nouvelle distillerie sur le canal à Sint-Lenaarts. Le nouveau bâtiment a été inauguré à la fin de l'année 2020. Un premier fût de whisky a été fait en 2013, mais il n'a pas encore été mis en bouteille ni vendu. Pendant la pandémie, les surplus de bière ont été distillés. Comme le whisky, cette eau-de-vie de bière mûrit en fûts de chêne. Une production de 10 000 litres par an est prévue.

Theo Coertjenslaan 10, 2960 Sint-Lenaarts

sterkstokers.be

Brewery Stokhove (Oostkamp)
Brewery Stokhove, located in Waardamme (Oostkamp), was established in 2011. At that time, neighbours Jan De Waele and Levi Hogenhall decided to take their brewing hobby to the next level and started a professional traditional brewery. Their first beer, the Waardamse Tripel, won several gold awards and one of their most recent brainchildren, the Tripel Joe, a full-bodied orange-gold-coloured tripel infused with home-brewed raw whisky, has left many beer lovers speechless. For some years now, both men have also been immersing themselves in the art of distilling. They produce gin, rum, marc or eau de vie for third parties and their first whisky has been maturing in first fill French oak barrels for a few years. The release is planned for spring 2022. At that time, three different whiskies will be presented: the entry-level Big Joe (single malt matured in French oak medium toasted 45%), Crazy Joe (single malt matured in French oak heavily toasted 56%) and finally a peated whisky called Smokey Joe (single malt matured in French oak heavily toasted 56%). In the future, distilling whisky will become a fully-fledged side activity, but production will purposely remain limited.

Brouwerij Stokhove *(Oostkamp)*
Brouwerij Stokhove gevestigd in Waardamme (Oostkamp) werd opgericht in 2011. Op dat ogenblik besloten buren Jan De Waele en Levi Hogenhall hun hobby professioneel uit te bouwen en een artisanale brouwerij in het leven te roepen. Hun eerste bier, de Waardamse Tripel, werd meermaals met goud bekroond en een van hun recentste geesteskinderen, de Tripel Joe, een volmondig oranje-goudkleurige tripel geïnfuseerd met in huis gestookte ruwe whisky slaat menig bierliefhebber met verstomming.
Beide heren hebben zich sinds enkele jaren ook in het distilleren verdiept. Vaak gebeurt dit in de vorm van gin, rum, marc of een andere eau de vie voor derden, maar de whisky die sinds een paar jaar op first fill Franse eiken vaten ligt te rijpen, zullen ze zelf op de markt brengen. De release is gepland voor het voorjaar 2022. Op dat ogenblik zullen drie verschillende whisky's voorgesteld worden: de instapwhisky Big Joe (single malt gerijpt op Franse eik medium toasted 45%), Crazy Joe (single malt gerijpt op Franse eik heavily toasted 56%) en tot slot een peated whisky genaamd Smokey Joe (single malt gerijpt op Franse eik heavily toasted 56%). In de toekomst zal het distilleren van whisky een volwaardige nevenactiviteit worden, maar de productie zal bewust beperkt blijven.

Brouwerij Stokhove (Oostkamp)
La brasserie Stokhove, située à Waardamme (Oostkamp), a été créée en 2011. À cette époque, les voisins Jan De Waele et Levi Hogenhall ont décidé de développer leur hobby de manière professionnelle et de créer une brasserie traditionnelle. Leur première bière, la Waardamse Tripel, a remporté plusieurs prix d'or et l'une de leurs créations plus récentes, la Tripel Joe, une tripel corsée de couleur orange-or infusée au whisky brut maison, a épaté plus d'un amateur de bière.
Depuis quelques années, les deux hommes se sont également plongés dans la distillation. Cela se fait souvent sous forme de gin, de rhum, de marc ou d'autres eaux de vie pour des tiers, mais le whisky qui mûrit en fûts de chêne français de premier remplissage depuis quelques années, sera commercialisé par eux-mêmes. La sortie est prévue pour le printemps 2022. À cette occasion, trois whiskys différents seront présentés : l'entrée de gamme Big Joe (single malt mûri en chêne français moyennement grillé, 45 %), Crazy Joe (single malt mûri en chêne français fortement grillé, 56 %) et enfin un whisky tourbé appelé Smokey Joe (single malt mûri en chêne français fortement grillé, 56 %). À l'avenir, la distillation du whisky deviendra une activité secondaire à part entière, mais la production restera délibérément limitée.

Akkerstraat 1H, 8020 Oostkamp

brouwerijstokhove.be

Text
Patrick Ludwich
Karel Puype

Final editing
Katrien Van Moerbeke

Photo credits
Patrick Ludwich: pp 12, 14, 145, 146
Bottles & Legends: p. 17
Graanstokerij Braeckman: pp 2, 6, 20, 22
Crown Spirits: p. 28, 30 (top)
Distillerie de Biercée: pp 34, 37, 38
Brouwerij De Graal: pp 40, 42
Stokerij De Molenberg: pp. 44, 46
Stokerij De Moor: pp 56, 58
Graanstokerij Filliers: pp 8, 60, 62, 140
Stokerij Jonasberg: pp 72,74
Noble Elite Drinks: p. 76
The Owl Distillery: pp 78, 80
Stokerij Pirlot: pp 10, 90, 92
Radermacher Distillery: pp 96, 98
SAS Distilleries: pp 102, 104
La Ferme de Mont-Saint-Jean: pp 106, 108
Wave Distil: pp 112, 114
Stokerij Wilderen: pp 130, 132, 139
Craywinckelhof: p. 143
Brugse Whisky Company: p. 144
De Cort Farm Distillery: p. 146
Brasserie Saint-Feuillien: p. 148
Sterkstokers: p. 149
Brouwerij Stokhove: p. 150

All other images: © Group Van Damme

Thanks are offered to those who granted permission for use of materials. While every reasonable effort has been made to contact copyright holders and secure permission for all materials reproduced in this work, we offer apologies for any instances in which this was not possible and for any inadvertent omissions.

Layout
www.groupvandamme.eu

Published by
Stichting Kunstboek bv
Legeweg 165, 8020 Oostkamp (BE)
Tel. +32 50 46 119 10
www.stichtingkunstboek.com

Special thanks to
Johan Verheyen, from whose collection we could draw to photograph rare bottles.
Philip Maes, 2be Bruges for his precious support.
Axel Vermeulen, for the research.
All Belgian distillers and whisky makers who have helped us in making this publication possible.

ISBN 978-90-5856-671-3
D/2021/6407/10
NUR 447

Printed in the EU